女医が教える 本当に気持ちのいいセックス

女醫師教你真正愉悅的性愛

宋美玄 著　蔡昭儀 譯

前言

為了讓所有女人都享受到美好的高潮

當你在她溫暖的體內射精，汗水淋漓的胸部壓在她豐滿的乳房上，調整紊亂的呼吸，此時她也以雙手環抱回應你，用她的指尖輕撫你的頭髮……你與她彼此都得到滿足的這一刻，應該是兩人感到最幸福的時光之一吧。

男人達到高潮時，從陰莖前端射出精液是一目了然，但是女人的高潮又是如何呢？如果她在你懷中扭動身體、頻頻嬌喘，就是她已經得到快感了，這點應該不會錯。可是，她到底有沒有達到高潮……很遺憾地，男士們很難判斷得出來。

裝作達到高潮的女人爲數不少。下頁的圖表是針對十六～六十世代女性調查的結果，圖表顯示，各年齡層都有半數以上的女人回答曾經假裝高潮。

你是否曾經「假裝高潮」？

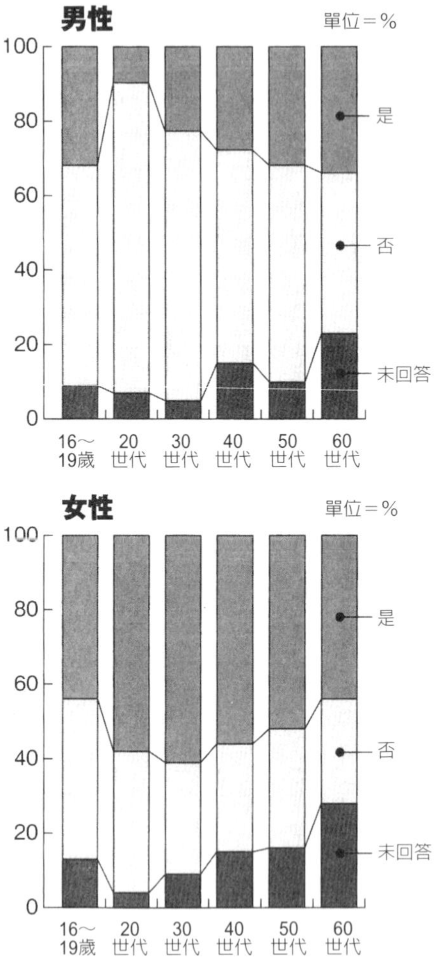

這項調查並未問及是否曾經達到高潮，所以其中或許有部分女性朋友從未體驗過高潮，只是一直假裝。

這項調查結果對男人來說可能是個打擊，不過我認爲女人「假裝高潮」並不全然是壞事。當情人認眞用手指挑逗或是擺動腰部時，她們也努力配合演出達到高潮的樣子。這種取悅對方的「演技」，也是愛情的表達方式之一。事實上，很多女人即使沒有強烈的快感，光是與情人裸身相擁也會感到幸福無比。

在性愛的過程中，高潮的確不是非得達到不可的境界，但是達到高潮不僅是生理上獲得滿足，精神上也能更加充實，覺得更加幸福，這是無庸置疑的。這一點，可以從左邊這項男女對高潮有何看法的問卷調查結果看出端倪。

對於性高潮，你有什麼看法？

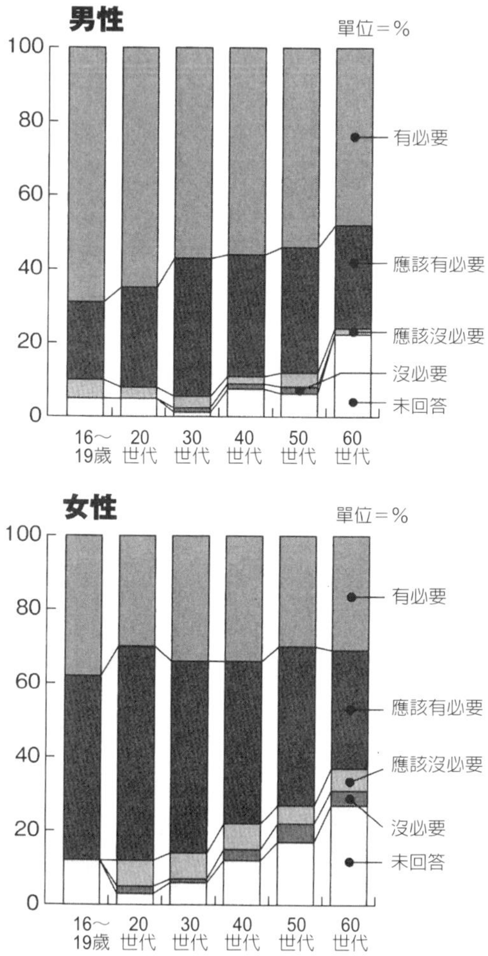

在性愛的過程中，認爲高潮是「有必要」和「應該有必要」的回答人數，各個年齡層平均超過八〇%。

在神經緊綳的日常生活中，生理與精神都獲得滿足的性愛可以舒緩壓力，這已是醫療界的通論。換言之，高潮不只是充實性生活，也能使日常生活更加多采多姿。

此外，很多人都不知道，性高潮與身體健康也是息息相關。

有不少女人都有偏頭痛的煩惱，每個月總有幾天頭部某一側或是太陽穴劇烈地抽痛，使人無法專心於家事或工作，是相當麻煩的一種毛病。

而近幾年的研究發現，性高潮竟然可以減輕這種痛苦。更驚人的是，性愛所帶來的絕頂快感，舒緩疼痛的效果遠比止痛藥來得快。

此外，也有報告指出，經常得到性高潮的女人罹患子宮內膜異位症的機率較低。目前醫學界雖然還無法解釋這種現象，不過我們似乎可以確定女人的身體和性高潮有著密切的關係。

對了，你是否曾經在享受過滿足的性愛之後睡得特別香甜？這是因爲性高潮也有助眠作用。沉浸在幸福的感覺中，睡一個既深沉又安詳的好覺，隔天早上醒來神清氣爽，這便是健康的生活。

當然，性高潮也同樣對男人的身體帶來良好的影響。研究資料顯示，一週有兩次性高潮（也就是射精）的男人，與一個月不到一次的男人相比，後者罹患攝護腺癌的比例偏高。此外，人體在達到性高潮時，會分泌一種叫做DHEA的荷爾蒙，可以降低罹患心臟病的風險，這也是最近在醫學界引起熱烈討論的話題。

性高潮不僅能夠加深兩人之間的愛情，也使我們的身體和心理都健康。如此應該可以使讀者們了解到，追求性高潮不是可恥的事，應該說是很健康的觀念。以我身爲婦產科醫師的角度來看，我希望能有越來越多人體驗這種美好的感覺。

話說回來，一項研究結果顯示，相較於九〇%的男人都有性高潮的經驗，從未達到性高潮的女人卻有六〇%。女人的身體眞的是那麼「難以達陣」嗎？甚至眞的有所謂「性冷感」體質的女人嗎？

在最新的性醫學領域裡，無法達到高潮被視爲一種障礙。換言之，幾乎所有的女人其實都是「可以達到高潮」的。

如果女方說無論如何都沒辦法體驗高潮，就要思考一下，是不是太沒經驗？還是她有什麼不安的情緒？或者根本是**身為性伴侶的你，愛撫的方式有問題**？

我想請問讀者們一個問題：你能不能自信地說自己的愛撫手法是正確的？坊間有很多指導性愛技巧以獲得更強烈快感的書籍，但那些有很多都是從男人的角度來寫的，對於女人身體的構造以及獲得快感的部位等，與事實相違背的內容不勝枚舉，這是很悲哀的。

男人們如果拿這種書中的性愛技巧實踐在與情人的性生活上，恐怕只會讓女方感到痛苦，或者使她很不愉快吧。況且，女人很可能看到男方這麼努力認眞，就不敢說自己其實並不舒服，只好裝出有得到快感的樣子。有一就有二，這種事一再重演的結果，就是女人變得厭惡性生活，這是很有可能發生的事。

我相信沒有一個男人會願意讓他的情人擁有如此悲慘的經驗，這也可能會使兩人的關係產生裂痕。

要擺脫這種惡性循環，我們需要的就是正確的技巧。馬上停止傷害女方身心的愛撫方式，以正確的手法充滿感情地撫摸她，兩個人的關係一定會越來越親密。

在本書中，我以婦產科醫師、也是性科學研究者的觀點，憑藉著曾經替上萬名女性診療，爲她們解答身體與性生活問題的經驗，重新審視性行爲與性高潮。

無論男女，都應該要了解性伴侶的身體構造及反應，並學習提升兩人感受的正確技巧——如此才是體貼的表現，很自然地就能達到性高潮。讓我們以此爲目標，一起學習正確的方法吧。

前言　為了讓所有女人都享受到美好的高潮　3

Chapter 1　關於性高潮，你應該要知道的事　17

Chapter 2　男女的性感帶　43

Chapter 1

關於性高潮，你應該要知道的事

性高潮不會在一開始就達到

所謂性高潮，簡單地說，就是**男女各自藉著性器官所得到的快感的頂點，也就是絕頂快感**。

那是雙方互相撫摸、一起溼潤、沉浸在身心都像是要融化似的快感，一直覺得快要失神了一樣……那是一個感覺達到極致美好的短暫時光。

既然稱之爲頂點，就表示到達之前是有過程的。男人的陰莖進入到女人的身體後，女人隨即就激烈扭動身體，達到高潮……這種情節是成人電影所製造出來的幻想吧。

現實世界的男女從性欲引發到性高潮，會經歷像左圖所示的過程。

快感從①「興奮期」到②「高原期」是循序漸進的，接著來到③「高潮期」，然後是④「消退期」，快感便退去——這就是大概的流程，不過每個階

達到性高潮的過程

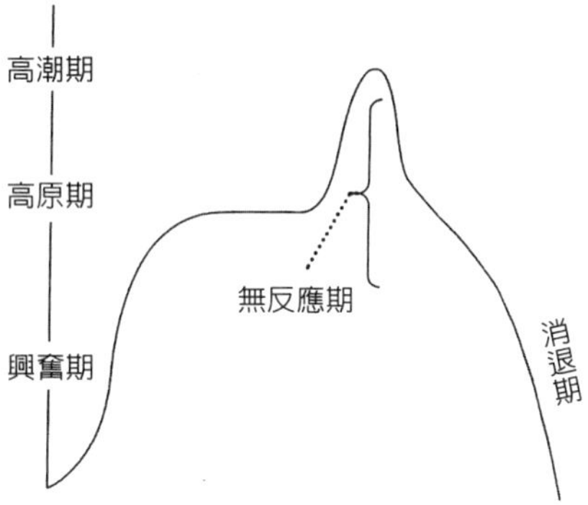

男人的性反應

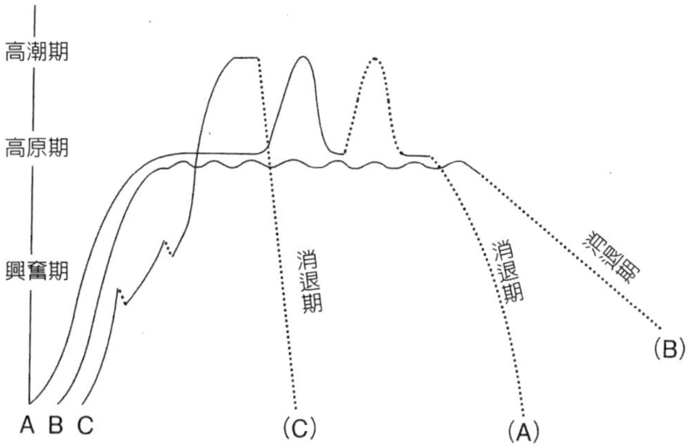

女人的性反應

① 興奮期＝感覺性欲、身體開始有性反應的階段
② 高原期＝達到性高潮的助跑階段
③ 高潮期＝快感到達最頂點的階段
④ 消退期＝快感消失，身體回復到一般狀態的階段

段所需要的時間男女有別，當然也有個人差異。特別是女人，有些人會像圖表中的A不只一次體驗性高潮，也有人如圖表中的B沒有達到性高潮，但是卻長時間沉浸在快感當中，或者是短時間就達到性高潮，然後馬上又進入消退期，就像是圖表中的C那樣，情況都是因人而異。此外，每次的環境或身體的狀況也都不盡相同，不過不管是性交或自慰，男女都一定會經歷這四個階段。

因此，插入後馬上就高潮的情形，以跳遠來比喻的話，就像是沒有助跑就跳出和助跑後一樣的成績，根本是不可能的事情。

那麼，在性愛進行當中，如何得知自己或是女方正處於哪個階段呢？如果可以知道的話，就不會在女方還沒有進入高原期就進行激烈的抽送，或者自己先達陣的情況也可以避免了。

答案就是仔細觀察。皮膚泛紅、脈搏加速、呼吸急促、手腳緊張或者是酥軟無力……等等，**一定有明顯易見的徵兆**。

接下來，我們就來看看有快感的時候，男人和女人的身體各會發生什麼樣的變化、有哪些徵兆。

男人的性高潮＝覺得舒服到射精是一直線

過程1 興奮期：男人靠視覺刺激就會興奮

在動物界，雄性的生殖機能是配合雌性的排卵，這就是所謂的發情期，而人類卻是隨時一有性欲就可以發生性行爲的少數動物之一。

特別是男人，只要稍微刺激就能引起性欲。

比如說女伴用餐時溼潤的嘴唇、雜誌上穿著比基尼的性感偶像、裙子分岔處若隱若現的大腿……光是看到這些就坐立難安，是每一個男人都曾經有過的經驗吧。所以說，**男人只藉著視覺刺激就會性興奮**。

當然其他還有想著喜歡的女人、接收到引發性聯想的味道或聲音，就會引燃欲火的吧。引起性欲的因素是各式各樣，而男人進入興奮期的身體反應卻是一目了然，那就是陰莖的勃起。

雖然算不上是新發現，但有時候男人也會在勃起之後才感覺到性欲。特別是即使沒有性欲，陰莖只要被握住或撫摸等這類物理性的刺激，就能輕易地勃起。男人會因爲身體有了反應而興奮起來，進而想要有性行爲的念頭。

這是男人才有的特殊現象。女人因爲物理性的刺激而引發性欲的情形比男人**少很多**，她們比較傾向先有愛情才有性欲。你是否曾經聽過女孩子說「我沒辦法和不愛的人發生性行爲」，或「我和男朋友正在吵架的時候完全不想做愛」。男人和女人引起性欲的誘因各有不同，才會發生很多誤會。

過程2 高原期：徵兆就是陰莖前端分泌出尿道球腺液！

興奮期勃起的陰莖讓女伴輕握於手、以舌舔弄，平常柔軟下垂的陰囊很自然地會變得硬挺，接著從尿道分泌出尿道球腺液。這就是男人「高原期」的開始。

那是一種透明不黏稠的體液。「尿道球腺液」的分泌量因人而異，不過這

這就是男女在對性觀念上很大不同的地方.

並不是用來判斷快感強弱的指標，只是在射精之前它會一直分泌，勃起的時間越長，分泌的量就越多。

那麼，分泌尿道球腺液來使陰莖前端溼潤的原因何在呢？

第一個功能是清潔男人的尿道。尿道裡有尿液殘存並不奇怪，除此之外，前一次的性行爲結束後，當時的精液也很有可能殘留在尿道內，如果這些都流進女人的陰道裡很不衛生。尿道球腺液就是在性交之前將這些殘存物清洗乾淨，以避免女人因此而感染細菌。

減少陰道和陰莖的摩擦也是尿道球腺液重要的作用之一。它與女人的愛液作用相同，減少陰莖進出陰道時所產生的摩擦，抽送得以順利進行，就不會發生互相傷害黏膜的情形，快感的程度也能夠確實提升吧。

尿道球腺液還有一項最重要的作用，就是中和陰道內環境。女人的陰道一直都保持弱酸性，但事實上，在這樣的環境下，精子是無法存活的。爲了使子宮內的卵子受精，男人射精前必須要中和陰道內環境，因此才會分泌鹼性的尿道球腺液。

換句話說，尿道球腺液的分泌，就是**進入女人陰道的預備動作**。當女伴的身體也來到高原期，準備好接受陰莖的進入時，就可以隨時插入了。

過程3 高潮期：只有幾秒就結束的絕頂期

女人的陰道裡面既溫暖又溼潤，陰莖光是被包覆在這裡面就已經很舒服，要是她還配合你腰部的擺動，柔軟地夾住它，就再也受不了了。

當陰莖被這種美好的快感所包圍時，男人的骨盤底肌肉會漸漸縮緊，對於這種現象，大多數人都是無意識的，可能也有些人甚至感覺到腰部附近有輕微的麻痺感。

與溼潤的陰道摩擦實在是太舒服了，最後你的陰莖也終於到達極限，當舒服的摩擦使你再也無法壓抑射精的衝動，膀胱的括約肌鬆弛，骨盤底肌肉開始規律地收縮，精液便隨著這個節奏從尿道射出。

儲存在精巢裡的精液經過尿道的時間只有幾秒鐘，男人的性高潮就是這麼一點短暫的時間。

有些人射精就像水槍「咻！」地噴出，也有人像水滴那樣，雖然射精的強度有很多種，不過據說精液的量大約是二～四毫升左右。而射精的強度或是精液量的多寡並不與快感程度成正比。

根據泌尿科醫師的說法，越年輕的男人精液射出的力道就越強越快，而喝醉酒的情況下射精就會有氣無力的。這種不太有力的射精其實可能從高原期尿道球腺液中就混有些許精液，因此不想懷孕的情侶或夫妻，最好在插入前就先戴上保險套。

過程4 消退期：與情人慵懶地享受餘韻的時間

性高潮的強烈快感一分鐘後，陰莖的充血就會消去。此時陰莖便不再勃起，恢復原來的大小，而硬挺的陰囊也再度垂下。

這就是消退期，之後男人有所謂的「無反應期」，在這段時間完全不會有興奮或是陰莖勃起之類的性反應。年紀越長，這段無反應期的時間也會越長。也有人會感嘆年輕的時候一夜可以來個好幾次……不過與其說是性功能的衰退，其實身體的機能全面低下才是眞正的原因。射精後全身肌肉鬆弛，留下的是滿足感、幸福感。這時與其逞強表現「我還年輕！」意圖再戰一回，不如與她一起沉浸在餘韻當中，度過這美好的時光。

女人的性高潮＝忘卻了痛覺的強烈絕頂快感

過程1 興奮期：引燃性欲與愛液湧出

想要早點上床，可是她卻意興闌珊……這時候你是不是直接去碰觸女方的性感帶或是性器官？

胡亂去觸摸還沒有打開性欲開關的女人身體，只會使她更加厭煩！女人要全身愛撫才容易興奮起來，穿著內衣互相擁抱、抱著她溫柔地撫摸她的頭髮或是背部，從這些對男人來說稍嫌不足的輕柔肌膚之親開始，才是眞正的捷徑。絕對不要急躁，先溫柔地撫摸她全身，再愛撫耳朵或頸部、乳頭等這些容易有快感的地方，她的身體自然會爲你而開放。

進入興奮期的女人骨盤會開始充血，從陰道內壁分泌出清澈的潤滑液——

「愛液」「Love Juice」，這就是所謂「溼了」的狀態。

愛液是女人有快感的證據。話雖如此，但並不是量越多就表示她越興奮、越有感覺。

愛液的分泌量因人而異，愛液本身至今也還有很多未解之處，不過一般都認爲成分裡有類似汗液的物質。就像在烈日下感覺炎熱，有些人滿身大汗，也有人卻不怎麼流汗，同樣地，有的人愛液分泌量多到連床單都溼透的人，也有人不太溼潤、經常藉助潤滑劑，但是她們同樣有充分的機會沉溺於快感。體質或健康狀況是左右愛液分泌量極大的因素。

事實上，據說如果在不太攝取水分、近乎脫水狀態的情況下進行性交的話，就不容易溼潤。有些女人說「早晨不容易溼潤，所以不想做愛」，我想這可能是因爲睡眠時流汗以致體內水分變少的緣故。我還聽說有些成人電影的女演員在演出前會先大量喝水。

還有，隨著年齡增長，荷爾蒙的平衡改變，愛液的分泌量也會減少。男士們不要太在意女伴愛液分泌多少，而是要**把握讓她變得溼潤的方法**才對。

興奮期的另一個特徵是陰蒂會膨脹變大。這個專屬於女人的器官興奮的時候會自然勃起，反應手指或舌頭輕輕觸摸所帶來的刺激，變得更加敏感。陰蒂這個器官就像相當於男人的陰莖，反應也很相似。你的愛撫會使她越加敏感，愛液的量也會增加，讓身體準備好接受陰莖的插入。

過程2 高原期：性器會變色、開花

興奮期是快感的暖身運動，高原期則是助跑。爲了順利進行到高潮期這個最後衝刺階段，不要焦急、不要勉強，觀察她的身體變化，好好地愛撫是很重要的。

仔細觀察她的性器，就可以知道是否已經進入助跑階段了。她的外陰部會像果實一般變紅，陰道口也會因爲即將接受陰莖進入而張開。

如果可以的話，最好用眼睛確認這些變化，不過也有女人不喜歡性器官被赤裸裸地盯著看，可以試著觸摸她的小陰唇。這時小陰唇應該也會充血，像果實成熟那樣變得膨脹肥厚。

她的性器官如果已經有這樣的反應，就表示**手指或陰莖已經可以插入陰道**

了。接受男人進入後，陰道會發生奇妙的變化。從陰道口進入到三分之一處，內壁會更加充血，肥厚度也會增加，緊含住插入的手指或陰莖。另一方面，陰道深處則會敞開空間，讓你的陰莖或手指可以在她體內自由活動。

如果G點或子宮頸口刺激得宜，她的血壓和脈搏會上升加速，全身肌膚都會泛紅，呼吸變得短而急促，這便是她往性高潮加速的徵兆了。

過程3 高潮期：幾乎忘我的絕頂快感

你的陰莖或手指每進出陰道一次，都會使她越有快感，陰道也會爲了迎接你到她的最深處而幽幽地蠢動。她會臉頰泛紅、高聲嬌喘、扭動身軀……當表示快感的徵兆越來越多時，離最終的高潮就只剩一步了。

她的體內開始發生肉眼所看不見的變化，就是骨盤底肌肉群開始緊繃起來。這種緊繃感會隨著即將達到高潮的興奮擴散到全身。這時**請注意看她的手腳**。你會發現她正無意識地向外伸展，另外還有乳房膨脹、乳頭堅挺的現象。

接著，就是性高潮來了。

子宮、陰道和肛門括約肌會以○．八秒一次的頻率收縮，這時女人會感到通體舒暢、近乎忘我，比起男人的性高潮只限於陰莖與睪丸，女人的絕頂快感能夠擴散至全身。

當快感達到頂點時，她會發出怎樣的聲音呢？成人電影裡所看到的大多是時而尖叫「我要去了！」時而嬌聲啜泣，事實上，當達到高潮時，似乎無暇做出那麼可愛的反應。聽說有不少人被自下半身湧上的快感，而發出動物般低沉呻吟的聲音。

處於性高潮期的女人，疼痛的感覺只有平常的一半，這一點好像連女人都很少有人發現。賞她兩巴掌或是以指甲用力掐她，這些平常可能惹惱她的動作，這時都因爲她對痛覺變得遲鈍，或許根本都不會發現。

因此做一些平日看來可能比較粗暴的身體接觸，她都不會在意。彼此腰部互相撞擊的活塞運動，在性行爲剛開始的時候或許要避免，但是達到性高潮之後，不妨積極嘗試看看。

同時，她除了痛覺以外的其他感覺會變得很敏銳，用一根頭髮輕撫她的肌膚也能使她得到強烈的快感。大動作進出的陰莖、敏感的肌膚將喚醒令人暈眩的官能反應，有些女人因此可以有好幾次的高潮。不過也有些女人只享受到一次深沉的高潮。男人要仔細觀察你的性伴侶，藉著各種方式的溝通，確認她滿足的程度。如果她開始略顯疲態，你也應該盡快爲射精做最後的衝刺。

過程4 消退期：興奮感逐漸恢復平靜，充實滿足的一刻

女人在性高潮結束後的反應，與男人大致相同。流入骨盤的大量血液很快地退去，膨脹的性器也回復原來的狀態。

然而，女人如果總是重複無法達到高潮的性行爲，骨盆腔裡的血液就無法消退，一直淤積在骨盤裡。嚴重的話，甚至會造成腰骨或是股關節附近都感覺強烈疼痛的「骨盤痛」。由此可知，性高潮對女人的健康也是很重要的。

當血液都退去後，留下的就是令人心曠神怡的慵懶和滿足感。充實的性交之後，心情會變得很平靜，可以好好地睡一覺。

女人才有的特權！陰道以外也能達到高潮

你與她藉著陰莖融爲一體，兩人一起達到高潮——這對情侶們來說是非常美好的體驗。但事實上，從陰道達到性高潮的女人算是少數。

如果你的女伴屬於大多數，也就是無法從陰道獲得高潮的女人，其實不必爲此感到失望。女人的身體還有好幾個可以達到高潮的器官，執著於陰道是很傻的。兩人若想追求快感，就要好好地愛撫她能夠得到高潮的部位。

接著我就來介紹幾個敏感部位。

♥讓男人也能感受到快感的陰蒂高潮

以女人自慰時所愛撫的部位來說，「陰蒂派」遠多於「陰道派」。自己的身體什麼地方最敏感、最容易得到快感，女人們應該都很清楚。從陰蒂得到生平第一次性快感的女人也比男人認爲的多很多。

從陰道達到的性高潮會傳遍全身，而陰蒂的高潮則是下半身酥麻的感覺。由於感覺不同，所以無法比較哪一種比較舒服。

這麼敏感的部位，只讓女人自己享受是很可惜的。各位男人應該要多多愛撫才對。前戲的時候，光是運用第四章起「實踐篇」裡介紹的技巧帶領她達到高潮，就能夠使她開心，不過我更推薦兩人合爲一體時，刺激陰蒂迎向高潮。

這個技巧，醫學用語稱爲「Bridge」，就是男人在陰莖插入陰道內時，刺激陰蒂使女伴達到高潮，**兩個人會同時享受到強烈的快感**。

當陰道得到快感時，陰道內壁（陰道內呈皺摺狀的肌肉）會從深處往陰道口波浪似地收縮。而陰蒂高潮則會變成反方向，從陰道口往陰道深處——這時陰莖像是要被吸進子宮一般，對男人來說也是很強烈的快感。

很幸運的，不管什麼樣的體位，都很簡單地就可以摸到陰蒂。正常體位時讓女人張開雙腳，後背位的話可以環抱她的腰，手從背後伸到前面刺激敏感的陰蒂尖端。跳蛋等情趣用品也可以用來改變氣氛。

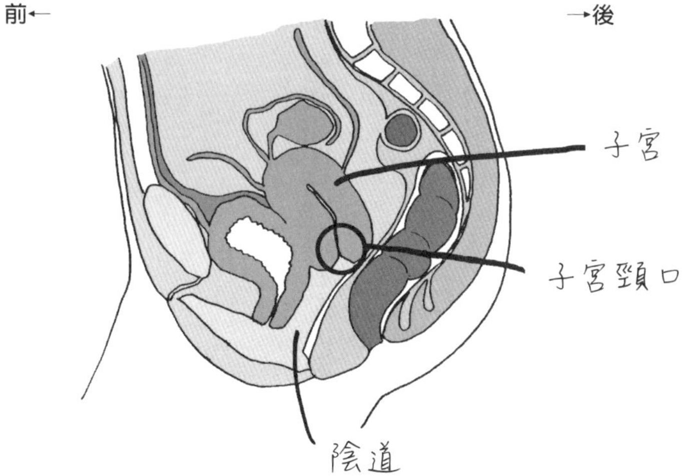

助孕的子宮頸口高潮

陰道內部的子宮入口也是可以得到高潮的部位。子宮頸，最近比較常聽到的是「子宮頸口」。在這裡得到的高潮也和陰道或陰蒂高潮一樣強烈，不過子宮頸口高潮有一個特徵是其他部位所沒有的，那就是**提高懷孕的可能性**。

如果你和她想要小孩，就讓她達到子宮頸高潮後再射精，如此你所釋放的精液會停留在陰道最深處，稱作「圓蓋部」的地方。你可以想像這個圓蓋部是一個葡萄酒杯，一個愛喝葡萄酒的人正將他的嘴靠在杯緣，這張嘴就是子宮頸口。

達到高潮後，子宮頸口會由下往上收縮，就像將葡萄酒一飲而盡似的，一股強大的力量將精液吞進子宮當中。

性高潮的起因爲何——即使在醫學進步的現代仍舊是個不解之謎。不過光就子宮頸口高潮看來，它的目的很明顯是爲了懷孕。要傳宗接代，性是不可或缺的要素。性高潮或許是上帝爲了鼓勵人類性交以繁衍子孫，爲人體特別設計的一種褒獎。

♥特殊部位到達高潮的例子

陰道、陰蒂、子宮頸口之外，也有人可以從乳頭或肛門等部位獲得高潮。這一點男人也一樣，有人被愛撫乳頭就受不了了，也有刺激睪丸就達到高潮的例子。

雖說如此，無論男女，從外陰部、內陰部以外的部位達到高潮的都是極特殊的案例，不應該爲了高潮而過度執著地撫弄某些部位才是。

♥混合高潮是女人身體的奧祕

大家都知道女人高潮其實是很複雜而深奧的現象，而其中還有所謂的「混合高潮」。

混合高潮就是從陰道內的G點或子宮頸口得到高潮並傳遍全身，連帶乳房或乳頭、陰蒂、肛門等性感帶也同時達到高潮的現象。這種傳遍全身的絕頂高潮很強烈！有人說像是「被雷電貫穿全身的感覺」。

遺憾的是男人身上不會發生這種「混合高潮」。陰莖高潮是陰莖才有的快感，即使是從睪丸或其他部位達到高潮，也都僅限於該部位而已。

混合高潮好像是只有女人才被允許享受的禮物，你不覺得這眞是一個很神祕的現象嗎？

沒有性冷感的女人！用正確的愛撫帶領她達到性高潮吧

讓女人身心都獲得深深滿足感的性高潮，我在「前言」曾經斷言所有的女人都能夠達到高潮，而這個可能性就藏在她們的體內。

但是**性高潮並不是自然發生的**，隨著年齡增長，儘管有豐富的性經驗，卻還是有很多人得不到性高潮。女人們如果不是讓自己的身體有過性高潮的經驗並記住它，的確是很難隨時就享受這種絕頂的感覺。

美國曾經有一項針對六百五十九位大學生所做的調查，第一次性行爲就得到高潮的男人有七九％，而女人卻只有七％。這項統計讓我們很清楚地知道，男人的高潮很簡單，就是射精而已，不需要學習什麼，但是女人的高潮既複雜又多樣，必須累積經驗，讓身體去記住這種感覺。而日本也有以下的統計調查。

與特定異性間的性行爲每次都達到性高潮的女人，各個年齡層都只有不到全體的三分之一。然而所有年齡層的男人都有七〇%以上，每次性行爲都會得到高潮，由此可知，女人的數值有多麼低了吧。

過去一年內的性行為中，你曾經達到性高潮嗎？

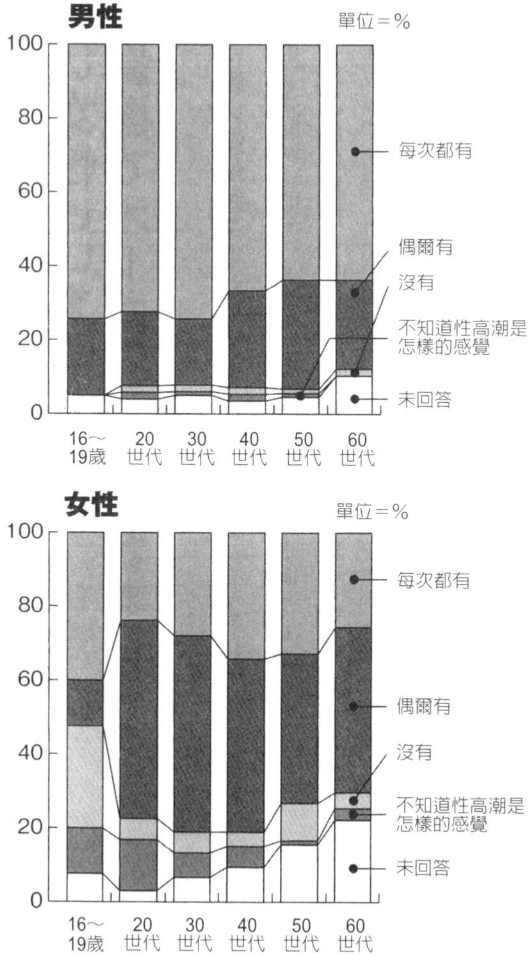

要帶領女人達到性快感的最高境界真的有那麼困難嗎？

事實上，有一個定律一定可以帶領女人達到性高潮：

交感神經＋溫柔刺激且規律的愛撫＝高潮

所謂交感神經，就是掌管興奮感覺的神經。刺激交感神經是帶她達到高潮的第一步。具體來說，是提高她「想做愛」的欲望，並且讓這個欲望持續下去。

夫妻、同居的情侶如果是在平常生活的空間裡，難免會害羞、提不起勁，出外旅行、或是利用賓館，安排一個使她能夠心無旁騖地做愛的情境，是個不錯的主意。在這樣的環境之下，她可以專心地感受你所給予的快感，交感神經一旦被點燃欲火，就可以一直保持熱度。

當她進入興奮期之後，一邊愛撫，一邊在她耳畔輕柔地說些令她性致高昂的話語。有些女人聽到「我愛妳」「妳好美」這類的甜言蜜語，身體就會開始有反應，也有些人對變態或是猥褻的話感到興奮，交感神經也因此而更亢奮。

掌握女伴的偏好是很重要的。

讓她滿腦子都是性愛的氣氛，再加上陰部或陰蒂的刺激。可能有人會說「這些我平常都有做啊」，不過有一個重點，就是**「不要太快」「不要靠蠻力」**。

你是不是曾經想讓她得到高潮，就很快地抽動手指或陰莖？這是男人的壞習慣。我知道男人們總是想表現威猛，但是性高潮並不需要強烈的刺激，請隨時記得這一點愛撫她的身體吧。當女人開始有快感的時候，不要改變速度或規律，輕柔的愛撫才是最上策。

只要具備這兩個條件，她一定會達到高潮。

看起來很簡單，其實還眞不容易……如果有人這麼認爲，請先拋開「我一定要用自己的手指或陰莖讓她達到高潮」這樣的念頭。使用跳蛋等情趣用品，設定在「弱」的模式，就可以以固定的規律給她溫柔的刺激。

像這種男人看似單調的愛撫，才是女人簡單得到高潮的方法。如此反覆地體驗性高潮，用身體牢記這種感覺是很重要的。只要學習幾次，用你的手指和陰莖也能使她迎向快感的頂端了。

婦產科醫師見聞！①

身為婦產科醫師的我，主戰場當然是門診。每天有各種人來看診，有身懷六甲的幸福媽媽，也有勇敢面對疾病的女人……

其中也有為性方面的煩惱前來諮詢的人。這類的煩惱可以找性諮詢師幫忙，心有疑慮的人可以請婦產科醫院介紹最近、或是提供諮詢的專業人員，積極尋求協助。

不管性經驗多寡，都會有困擾的時候。其中關於「初次性經驗」的煩惱可說是千奇百怪，這種人更是出奇地多。

有人來諮詢說：「我結婚了，請教我如何做愛。」還有一位小姐告訴我們她和男友試了好幾次，總是痛到無法插入……我替這位小姐檢查的結果發現，她陰道口的肉壁，即所謂的「處女膜」非常的硬，後來是動手術切開後，再請她嘗試看看。

這些案例中最令我印象深刻的，是一個陰道大量出血被送來急救的女孩。據說她是和男朋友第一次嘗試做愛，血就宣洩而出。處女膜破裂時出血是經常有的事，但是應該不可能這麼多。

我覺得很奇怪，幫她檢查之後，發現她的陰道內部像是被刀割過一樣，她和男朋友才第一次嘗試做愛，怎麼會變成這樣呢……

→答案請看第52頁「婦產科醫師見聞！②」

Chapter 2
男女的性感帶

被喜歡的人撫摸，全身都是性感帶

比方說你的女友正在公司整理隔天簡報的資料，上司從背後拍拍她的肩膀說：「我很期待妳的簡報喔。」她會因爲受到鼓勵而感到高興，卻不會因此有什麼性的聯想吧。

但是這天夜晚，你從背後環抱她，用嘴唇溫柔地、似有若無地輕吻她頸後到肩膀的汗毛，這時又是如何呢？

她會不由自主地扭著身，肌膚也會微微地起小疙瘩，如果她是對性特別敏感的體質，或是有強烈性欲的時候，光是這樣愛撫可能就已經溼了。這就是「性感帶」。

自己撫摸、或是被同性，以及不會有性聯想的異性觸摸都不會有什麼感覺的部位，當對象是情人時、或是有性的氣氛時，這些就變成有快感、**刺激性欲的地方**了。

即使是每次都能從陰道內得到快感的女人，到醫院接受婦產科醫師的檢查、器具插入陰道內時也絕對不會覺得舒服。任何人的身體都沒有那種隨時隨地都能感到舒服的部位。

那麼，反過來又是如何呢？想要做愛的欲望或是對伴侶的心情等精神層面的條件都具備的話，全身都會變成性感帶嗎？

答案是會的。無論男女，被有性欲感覺的對象觸摸時，從頭皮到腳趾，全身都會覺得很舒服、都會有性的快感。

雖然有「性冷感」這個字眼，但它並不是醫學名詞。不但沒有這種疾病，我也能肯定地說絕對沒有人天生性冷感。

感覺遲鈍的原因有兩種可能，一種是缺乏性經驗，性感帶還沒完全被發現；另一種是精神層面的問題，這點男女皆同。如果身體健康，就不會有完全沒感覺、或是對觸摸只有痛覺的部位。耐心地花時間去發現性感帶，做好心理建設，一定會有解決的方法。不要焦急，慢慢地一項一項去嘗試。

神經密集的部位，男女都會很敏感

雖然說只要是情人的愛撫，全身都可能是性感帶，不過身體原本還是有些地方比較敏感，有些地方卻不怎麼有感覺。

判斷敏感與否的重點就是**神經的多寡**。左頁圖所標示的就是較多神經分布的部位，換句話說，就是受到愛撫時比較可能覺得舒服的部位，這一點男女皆同。

背部和手臂則是神經比較少的部位，感覺比較不那麼靈敏。

其實女人的乳房和臀部也屬於這種。但幾乎所有的男人愛看也愛摸的「胸部」，對女人來說，其實被亂摸一通的感覺是不太好的……不過還是有例外，那就是她們確實感受到愛情的時候。自己的身體當中最有女人味的部位被心愛的男人用手或嘴唇愛撫的感覺，會讓女人變得很性感，也從中得到快感。

不論男女，最敏感且最容易感到舒服的性感帶，當然就是「性器官」了。

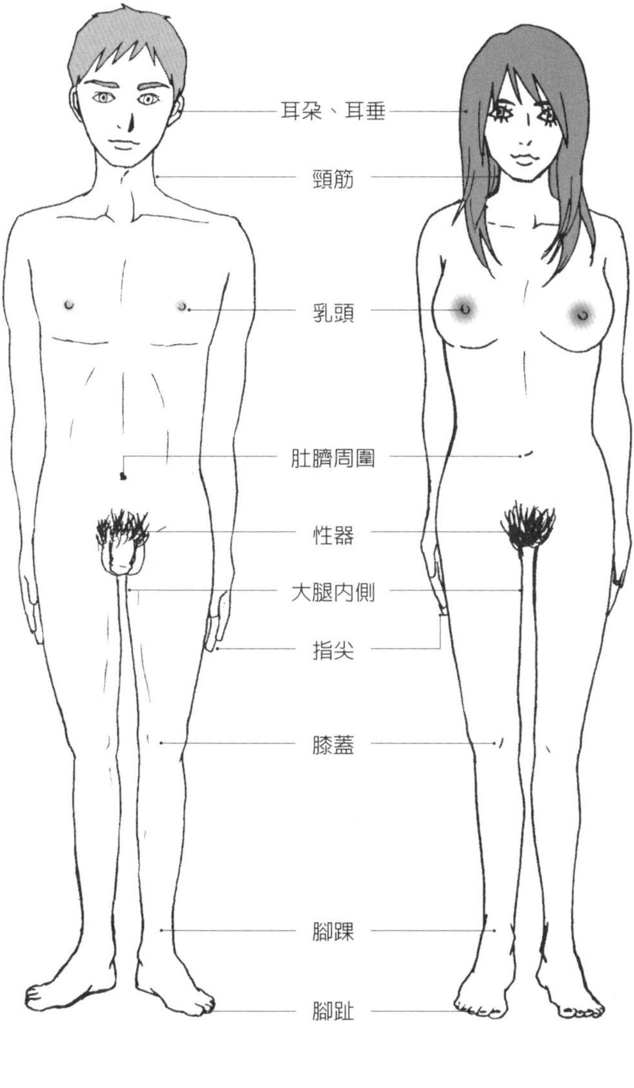
耳朵、耳垂
頸筋
乳頭
肚臍周圍
性器
大腿內側
指尖
膝蓋
腳踝
腳趾

接下來，我會分別解說男女性感帶集中的性器官。

♥女人的性器官連看不到的地方都是性感帶的寶庫

女人性器官的構造相當複雜，肉眼可見的部位和看不見的部位都有很多可以引起性欲的敏感地帶。

露在外面的「外陰部」有小陰唇和大陰唇。這個地方有些人呈皺摺狀，大多被比喻成「花瓣」。這個器官原本最重要的作用是保護陰蒂、尿道及陰道口等細嫩的部位。陰蒂與神經相連，所以用手指或舌頭以揉捏方式刺激，大多數的女人或多或少都會覺得很舒服。這個部位一旦感到舒服，就可以看到愛液分泌出來，或是陰蒂些微膨脹的反應吧。其中大陰唇，相當於男人的陰囊，感受的方式好像也很相似。

陰唇下方的肛門也是性感帶之一，以手指或舌頭在她的肛門口輕柔地愛撫看看。一開始她可能會覺得很癢，習慣了之後，就會全身酥麻，舒服的感覺將傳遍下半身。不過，將手指或陰莖插入肛門內側的黏膜部位，可能會導致受傷

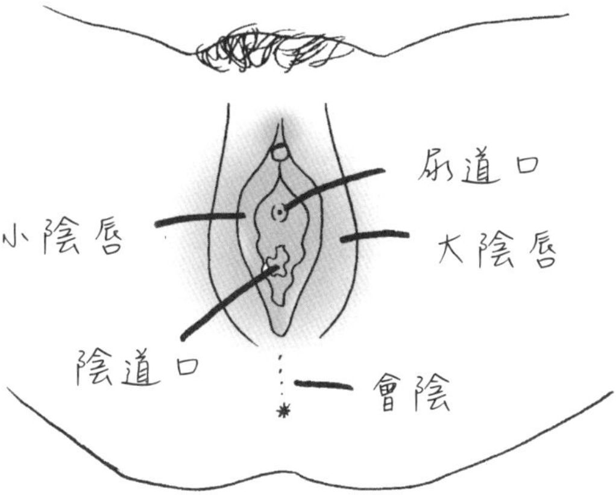

或疾病，最好不要輕易嘗試。

在肉眼看不見的地方，有G點和子宮頸口，這是女人的「兩大性感帶」。請再確認一次第三五頁的圖，這兩個部位對男人來說或許是神祕地帶，但是只要把握得宜，讓她達到高潮的可能性也會提高不少。

G點在距離陰道口約四公分的地方，假設你讓她仰臥，然後將中指插入陰道。手指的第一關節輕輕彎起觸摸到的部位大概就是G點，它大概就是像指腹大小一般。G點用手指就很容易可以觸摸到，陰莖插入的時候，龜頭會在這附近摩擦，算是很容易就可以刺激到的地方。

一開始可能會抓不到要領，陰道內壁只有G點摸起來粗粗的，或是有一點凹下去，也有些女人還有其他特徵，你可以一邊溫柔地愛撫，一邊探索看看。

另外，子宮的入口，子宮頸口是和G點一樣，甚至可以得到更強烈快感的器官，不過太突然的刺激，會使她覺得疼痛。我想應該不少女人到婦產科接受內診的時候，都曾經因此而感到疼痛。這個地方摸起來有點硬硬的感覺，男人應該一摸就知道了，這也表示她還沒放鬆。這個地方很細嫩，男人應該要有耐心，慢慢地爲她愛撫。

♥男人的性感帶集中在陰莖前端！

陰莖和陰囊是男人的性器官。與女人比較起來，男人的性器官很簡單，全部都是外露且明顯可見，不過，這其中也隱藏著幾個性感帶。

首先是陰莖的前端，稍微鼓鼓突出的龜頭，大家都知道是很敏感的部位。它像菌傘狀突出的邊緣叫做「龜頭冠」，活塞運動時這個地方會摩擦到女人的G點，男女雙方都會感到很舒服。

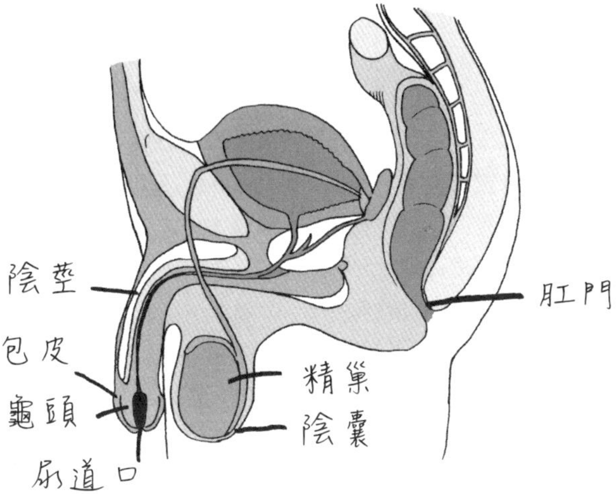

請注意看看陰莖的內側，在皺皮集中處，有一道像是縫線那樣的部位，那就是「包皮繫帶」。這個名詞聽起來可能很陌生，不過這裡可是敏感度媲美龜頭的性感帶。插入的時候，在陰道內與肉壁摩擦可以得到快感。

此外，性器官和肛門之間也有性感帶，這個部位的醫學名稱叫做會陰。用手指輕撫這個地方，或是用舌頭舔舔看，很多男人會有電流竄過背脊般的快感。

婦產科醫師見聞！②

話說那個初次性交時陰道內嚴重裂傷而大量出血的女孩，發生在她身上的，竟是「鎌鼬現象」。沒錯，就是在妖怪故事或是超自然現象中經常看到的鎌鼬現象。這個現象指的是無緣無故、皮膚上就出現像是被銳利鐮刀割過的傷口，其實是因為龍捲風發生時，旋風的中心點會呈現真空狀態，這個部分如果接觸到皮膚，就會造成撕裂傷。

她的男朋友將陰莖插入陰道的時候，不知道什麼原因，她的陰道內就呈現真空狀態……原來這就是事情的真相。這個案例發生的原因至今不明，不過卻也讓我們體認到人體，特別是女人的身體構造真的有很多令人百思不解的地方。

另外，也有人來醫院求診，是因為一時的好奇心或是奇特的嗜好演變成不可收拾的結果，其中最多的就是插到陰道內的東西抽不出來。當然，大家都知道，可以插進女人陰道的不只是手指和陰莖。這個世界上有很多人喜歡將異物放進陰道來得到快感，比如電動按摩棒之類的成人情趣用品等。

我曾經取出唇膏、花束、冰棒、水煮蛋……等，真的是無奇不有。

為了尋求歡愉性愛，就近利用一些身邊的東西，雖然是個好點子，但是有些真的不太衛生，還有太深入拿不出來的例子。在這裡還是建議大家小心，不要傷害到女伴的身體才是。

Chapter 3

在性愛開始前

營造男人更能勃起、女人更能解放的氣氛

當一有兩人獨處的機會，就一撲而上——以這種粗魯的方式作爲性愛的開端，是很荒謬的。這種男人十之八九都會被女性討厭，而且一興奮就猴急硬上的方式，對男人來說也不是好事。

一般以爲男人越興奮就越能勃起，其實是錯的。身心都適度地放鬆下來，陰莖才比較容易勃起。

因此，需要製造一個男女雙方都能進入狀況的氣氛。我的意思並不是要弄得肉麻兮兮，只要這個空間對兩人來說都是自在的，可以專心於彼此的身體和自己的快感，男性的陰莖就更能夠勃起，而女性的身體也更能夠解放。

還有不能忘記的一點，就是清潔。不讓對方感到不愉快，是最低限度的禮儀。即使是情侶，再怎麼親密都應該保持禮儀。伴侶的身體乾淨，就是保障自身的安全，也才能毫無顧忌地委身於他。

要營造這種環境所需注意的重點，將在**氣氛篇**和**身體篇**詳細介紹。如果能做到全部的項目，兩人的性生活將會更加豐富充實。

氣氛篇 營造放鬆五感的理想空間

雖說是營造自在的氣氛，不過完全不必在房間做什麼特別的擺設，或是準備什麼特別的東西。給視覺、聽覺、嗅覺等所謂的五感一些舒服的刺激，使身體和心靈都能夠自然穩定地放鬆下來。

・柔和的燈光

在燈光太明亮的房間裡是很難放鬆的，尤其應該要避免使用日光燈。日光燈是用來照亮房間，使人保持緊張感，提高工作效率的，最適合的地方是辦公室或廚房。日常生活中，客廳或寢室這些用來放鬆心情的地方不該使用日光燈。

只是把燈光換成暖色調，就可以一舉拉近兩人的距離。間接燈光可以有很棒的效果，點蠟燭也很浪漫，夫妻或是同居情侶在家裡做愛時，只要燈光稍作調整，就可以暫時忽略身邊的日常雜務，專心調情。

・選擇她喜歡的音樂

大家都有放鬆時喜歡聽的音樂吧。那種音樂應該不是人工音效，而是爵士、Bossa Nova、夏威夷音樂等，利用自然樂器演奏出來的音樂，用來製造情調就已經足夠了。

還有，選擇只有樂器演奏的音樂會比較好，有歌詞的話反而會去注意歌詞而沒辦法放鬆。另外，不是喜好的音樂也會成爲注意力分散、無法專心調情的原因，所以最好是投其所好。

・試試傳統的催情香氣

據說最能夠讓人類引起性欲的味道是異性的汗味，我們東方人一般說來都不太有體味，洗過澡之後就幾乎聞不到什麼味道。

善加利用薰香產品以刺激嗅覺，就可以營造放鬆且誘發性欲的空間。例如

「依蘭花」精油，是一種具有異國氣氛的香味，可以舒緩緊張和疲勞，而且自古以來就被認爲有催情作用。另外也有「麝香」，在日本從平安時代就當作是催情香料。由於它的原料是麝香鹿的乾燥分泌物，也就是費洛蒙的一種，所以能勾起性欲。

・情趣內衣的正確選擇

說到勾人性欲的內衣，多半令人聯想到華麗又性感的設計。這種刺激的視覺表現有時候是滿有效的，不過情趣內衣最重視的是觸感。

男人有的時候想送女友情趣內衣，首先應該要愼選材質。選擇絲綢等觸感好的內衣，柔滑、舒適的感覺，再加上她的體溫，花在肌膚接觸的時間自然就會增加。女人喜歡全身的肌膚接觸遠勝過局部，她們如果覺得舒服，可能就會想要做愛了。

此外，根據色彩療法，在各種顏色中，紫紅色是最撩人的顏色，與東方人的膚色也很映襯，提供給大家做參考。

身體篇

徹底做好清潔，使彼此都能安心

做愛是肌膚與肌膚、黏膜與黏膜的直接接觸，事先清潔身體是非常重要的。你也不希望有傷口或性病傷害到你的伴侶，對彼此的身體感到放心，與信賴和愛情是密不可分的。

·修剪指甲，洗淨雙手

女人陰道內的黏膜是很細嫩的。如果伴侶的指甲太長，進入時就會弄痛她，不用說高潮，連快感都很難得到。此外，如果黏膜受傷，細菌很容易就可以侵入，有時候會造成嚴重的疾病。所以請為她的身體著想，把指甲剪短，上床前仔細地把手洗乾淨。

·也可以「乾脆不洗澡」

異性的汗味會引起性興奮，並不是什麼變態的嗜好。大腦原本就設定好聞到體味就會燃起性欲。

體味的源頭就是腋下或陰部所分泌的「頂漿腺」。保留這種動物性的性感體味來提高興致，有的時候也滿新鮮的。

不過，頂漿腺也會造成狐臭，可能還是有人會覺得不舒服。如果伴侶的反應不是很好，還是沖個澡、洗乾淨吧。

・口交前，要徹底清潔陰部

就算不沖澡，如果要享受陰莖口交或是舔陰這類的口部性交，請至少先清潔陰部。女性的喉部也有可能會感染砂眼披衣菌等性病，砂眼披衣菌大多發生在陰莖皺摺部的汙垢中，清洗乾淨，即使不能完全避免感染的危險，但還是能大幅降低機率。

不過，人體的黏膜完全洗掉的話，反而容易感染細菌，最好使用和皮膚酸鹼值接近的弱酸性清洗劑。

・整理好鬍子

以口舌愛撫女性的肌膚或重要部位時，半長不短的鬍鬚會造成刺痛感。要不把它刮乾淨，要不就乾脆留長一點。

‧潔牙並去除口臭

唾液在性交時有著重要的功用。親吻的時候彼此交換唾液；以溼潤的嘴唇爲伴侶愛撫全身、刺激陰莖或陰蒂時，唾液就是很好的潤滑液。這種水乳交融的時刻，如果有口臭的話多殺風景……先刷牙或是用漱口藥水使口氣清新，她便不會覺得厭惡，如果能夠連舌苔都弄乾淨，更是再好不過了。

「認識」性病，就是最佳防禦

關於性愛，有許多最好事先具備的禮儀，對於性病的正確認識便是其中之一。性病一般又稱爲STD、性傳染病，顧名思義，指的就是經由性行爲所感染的疾病。

在婦產科，有很多感染性病而來求診的人。她們只是單純的運氣不好嗎？我想並不盡然。什麼樣的情況下會感染、萬一不小心感染了該怎麼辦？很多時候都是如果有正確觀念就可以事先預防的情況。

- 擁有一個以上的性伴侶
- 性交時不使用保險套
- 指甲太長傷及陰道或外陰部
- 不事先沖澡、在不清潔的狀態下性交

有上述情況的人以及他們的性伴侶，都是感染的高危險群。

性病當中有不太能自我察覺的病症，也有些症狀不是出現在性器官而是咽喉部。所謂「性交」，口交也包含在內，心中有此疑慮的人還是趁早到醫院做一下檢查比較好。

以後天性免疫不全症候群、也就是愛滋病爲例，我都會在診療時詢問患者：「要不要檢查一下？」不少人都會說：「如果染上那種病不是就沒救了嗎？那還不如不要知道比較快樂。」以此爲由拒絕檢查。但是，及早發現的話，還是有適當的治療方法，或許可以將發病延遲個幾十年。

性病都有正確的治療方法，而且幾乎都是在醫院接受診察後再處理就可以的。首先，還是要從「了解」開始。

接下來，我舉幾個較具有代表性的性病，自己不想感染，也不希望心愛的伴侶感染的話，就要時常留意這些疾病，正確的知識才是最好的預防！

・性器官砂眼披衣菌感染

由砂眼披衣菌感染所引起的性病。有些女性染上後會出現分泌物增加的情形，但一般說來，完全沒有什麼自覺症狀。女性受到感染的話，會經由子宮或輸卵管擴散到腹部，在不知不覺的情況可能會導致不孕症，是一種很可怕的疾病。

．淋病

感染上淋病，女性會出現有惡臭、像膿一樣呈黃色的分泌物，並且會覺得搔癢；男性則是排尿時會感到疼痛，陰莖前端會有膿狀物留出。如果繼續惡化，男女都會有激烈腹痛、發高燒等症狀。

．生殖器疱疹

男女都是性器官或其周邊會出現水泡或發疹，並伴隨劇烈的疼痛。皮膚表面會發炎，有時也會發高燒。如果疱疹出現在神經聚集的陰蒂，是非常疼痛的，也有可能反覆感染。光是接觸外陰部就可能感染，所以保險套也很難提供全面防護。

・尖銳溼疣（俗稱菜花）

因人類乳突病毒感染所引起的疾病。潛伏期達數個月，陰莖或外陰部會長出小疣，也會伴隨疼痛。有人甚至陰道內也長疣，保險套並不能完全防護。

・蟲性陰道炎

這是由毛滴蟲所引起的疾病，感染的女性會出現黃色泡沫狀的分泌物，有強烈的氣味，外陰部會又痛又癢。

・後天性免疫不全症候群（AIDS）

這是感染人類免疫缺乏病毒所引起。經過數年的潛伏期，免疫力變差時開始發病，罹患細菌感染或惡性腫瘤，數年後可能死亡的可怕疾病。

・梅毒

由名爲梅毒螺旋體的病原體感染所引發的疾病。感染後二～三星期，陰莖或外陰部會出現硬下疳，二～三個月後會開始全身發疹，及早治療可以痊癒，如果任其惡化，甚至還可能會侵害腦神經。此外，感染此種性病的女性如果懷孕，胎兒也會受到感染，因而導致畸型。

．陰蝨

體長約一公釐的陰蝨，主要附著在陰毛。成蟲和幼蟲一天都需要吸血數次，使患者感到劇烈搔癢，成蟲壽命約一個月，但一隻雌蟲一生可產約二百個卵。由於這是經由陰毛接觸所感染，保險套無法防護。

避免意外的懷孕

爲因意外懷孕而來求診的女性診察，對婦產科醫生來說是最心痛的事了。胎兒的生命、受到傷害的女性身心……全都無法提供協助，我也曾經好幾次目睹夫妻或情侶之間的關係因此而出現無法修復的裂痕。

爲了減少這種不幸的事情，我呼籲男女都應該要更加注意「避孕」。還有，特別是女性，有研究發現，如果她擔心「懷孕了要怎麼辦」，就很難得到高潮。

請從以下介紹的避孕方法，選擇一種適合自己的身體狀況以及生活方式，務必要預防會帶來不幸的懷孕。如此身心都得到解放的性愛，才能夠加深兩人的愛情。

・保險套

以橡膠或聚氨酯製成，用來套在男性生殖器上。在便利商店或是藥局都可以買到，算是最簡單的避孕方法。好像有不少男性都在快要射精的時候才戴上保險套，如果不是性行爲一開始就戴的話，就沒有意義了。另外，插入時保險套歪掉或是破掉的例子很多，嚴格說來並不是一個絕對有效的避孕法，不過在防止性傳染病上卻有很大的效果，因此它還是安全性行爲所必要的防護用品。

·低劑量避孕藥

這是一種女性專用的口服荷爾蒙劑。正確服用的話，避孕效果幾乎是百分之百。這種避孕方法的最大特徵就是，女性可以依自己的意志及判斷來決定懷孕與否，副作用少，月經不順或是月經過多的人服用還可以減緩症狀，使月經規律等，這些連帶效用也頗令人歡迎。要注意的是，這種避孕藥需要醫師的處方箋，而且必須每天服用，否則就沒有效果，所以千萬不要忘記服用。

·子宮内避孕器

在子宮裡放進一個塑膠製成的小小避孕器，也有人稱之爲「子宮環」。裝一次避孕效果可達數年，不過必須定期接受檢查，還有主要以有生產經驗的婦女為對象。哺乳期間也可以使用。（很多人因為哺乳期間沒有月經就不避孕，其實哺乳期間也是很有可能懷孕，所以一定要注意！）

・避孕手術（結紮）

將女性的輸卵管、男性的輸精管用線綁住，或是切斷。只要某一方接受手術，此後在陰道內射精，也不會使卵子受精，是一種確實有效的避孕方法，不過一旦接受手術，就無法再懷孕，所以要考慮清楚。

・基礎體溫法

女性每天早上測量基礎體溫以預測排卵日，那天就避免有性行為。由於這個方法很不確實，我建議應該要同時配合其他避孕法。不過想懷孕的時候，這個方法倒是很有效。

・殺精劑

做愛前先將殺精劑放進陰道內。使用方法是很簡單，不過藥效發揮需要一點時間（大約是五～十分鐘），很難準確掌握。還有，必須在藥效時間內（二十～六十分鐘）射精，也不是很理想。

·子宮托

女性自己在子宮口以手指裝進一個橡膠製薄膜狀的小蓋子，防止精子進入子宮。每次做愛前都要裝，射精後六～八小時一定要取出來。還需要到婦產科測量子宮口的大小，選擇適合自己的尺寸，比較麻煩。

·事後丸

爲防止受精卵在子宮內膜著床時服用的緊急避孕藥。必須在性行爲後七十二小時內服用，不過避孕率並不高，副作用是會伴隨強烈的噁心感。可以當作保險套破掉時的緊急應變措施。

潤滑劑的好處多多

似乎有不少人認為做愛就是要肉搏戰，排斥使用情趣用品。這可能是因為過去提到情趣用品店，多半都是在暗巷裡，看起來怪怪的，讓人望之卻步，因而受到影響吧。

不過，最近已有很多燈光明亮且開放的店鋪，也經常可以看到親密的情侶一起選購。如果是利用網路購物，就更加輕鬆了。

使用情趣用品絕對不是什麼羞恥的事，跳蛋的震動強度如果調整得宜，就可以規律且輕柔地給予伴侶刺激，是非常適合讓女性體驗高潮，使她的身體記住這種感覺的道具。最近市面上也出現很多可愛造型的產品，只要她不排斥，不妨積極地運用看看。

情趣用品當中我特別想要推薦使用的是潤滑液。如果她是會分泌很多愛液的體質，那真的是很幸運，不過還是有不少女性坦承雖然有快感，卻總是不夠溼。如果女伴是這樣的體質，要上床的時候使用一點潤滑液，不必固執地花時間努力愛撫到她「覺得舒服」，你可以讓她「一開始就舒服」。

潤滑液在藥妝店或藥局就可以買得到。最近還有會使皮膚變熱、或是接近皮膚酸鹼值的弱酸性產品。

使用潤滑液可使彼此身心都得到放鬆，對於兩人的性愛生活來說，真的是名副其實的潤滑劑。

Chapter 4

實踐篇1
從乳房的愛撫開始

先別急著脫！前戲要穿著衣服來

如果前戲只能撫摸陰蒂或陰道，豈不是一件很無趣的事。就算是男人，如果一上床陰莖就突然被撫摸，也會覺得很突兀。要是興致來了，又覺得自己身體已經準備好，就逕自出手撫摸對方的性器官，那真的很沒情趣。如果伴侶因此懷疑你心中沒有眞愛，那也是無可奈何的事。

特別是女人，與其直接撫摸她的性器官，愛撫全身才比較能夠使她性興奮。說穿了，她就是希望全身都讓你摸個透。所以，首先就從好好愛撫彼此的身體開始吧。

如果還是很想趕快愛撫乳房或性器官，也先不要急著脫衣服，就從隔著衣服輕撫彼此開始。雖然是隔著衣服，也不要馬上去摸性器官。一開始還穿著衣服的時候，從看得見皮膚的地方開始愛撫。耳垂或頸後等，敏感的地方有很多。

接著，兩人都脫到剩下內衣，這樣一來，可以直接觸摸到肌膚的範圍就增加了。衣服全都褪去後，她的大腿內側、肚臍附近，就毫無防備地等著你的愛撫。背部、手臂、腋下等，只要你帶著深情撫摸，這些都是性感帶。

如此進行下去，觸及乳房或性器官的時間自然就會延後。重點是，**越能得到快感的地方越慢愛撫**。巧妙地讓伴侶感到焦急，等你撫摸到性器官、然後插入時，快感也會倍增。不妨將她的身體想像成燉煮一道佳餚一般，越是細火慢燉風味越佳。

在這個階段不需要太拘泥於「性感帶」。「因爲不是性感帶」「因爲這裡沒什麼感覺」，爲著這些理由而不去撫摸就太可惜了。頭髮和指甲等，這些地方雖然完全沒有神經，但只要是你的愛撫，都會使她感到愉悅。以男人的角度，只要是眞心喜愛對方，自然會想要撫摸她身上的每個地方。帶著這樣的心情好好地愛撫她就對了。

指尖輕畫、溼潤的唇舌舔弄、牙齒輕咬，或者偶爾用一下情趣用品——愛撫的方式有很多種。選擇哪種方法進攻都隨個人喜好，但是充實的前戲一定要把握一個原則，就是要**留意女伴的反應**。

乳房也好、性器官也好，你是否曾經在愛撫的時候粗魯地對待她的身體？只看個別部位來判斷她有沒有快感是很困難的。

那到底該看哪裡才好呢？答案是她的臉。

在這個充滿了愛的時刻，一心一意只想著她的身體固然是很美好的事，但是卻不夠聰明。你應該要讓大腦預留一點可以從容冷靜思考的空間。接著要觀察她臉部的表情，你可以從她的表情得到很多訊息。比如說，臉頰潮紅、眉肩微蹙……每個女人一定都有她獨特的徵兆來表示她的快感。

首要工作就是辨識這些徵兆，如果你覺得她看起來好像沒什麼感覺，就改變一下愛撫的方式，或者直接問她希望怎麼愛撫，想好因應對策。

如此仔細地愛撫全身的結果，當她開始陶醉在快感當中時，就是脫下內衣的時機了。接著就開始愛撫她最敏感的部位，乳房和性器官。

有關女人的「胸部」

「乳房」圓潤飽滿的曲線是女性的象徵，有令人想把臉埋在其中的豐滿乳房，也有配合纖瘦體型大小適中的乳房，各有各的魅力，有些男人總是會情不自禁地用力揉捏，但是請稍安勿躁！如我先前所述，對女人來說，乳房並不是特別敏感的部位。

乳房的構造有九成是脂肪，其餘則是乳腺。所謂乳腺，就是女人懷孕後分泌乳汁的腺體，堅挺有彈性的乳房，乳腺分布密度較高，觸感有如棉花糖般鬆軟的，乳腺分布密度較低。無論如何，分布在乳房的神經數，比起身體的其他部位都來得少，所以即使用力揉捏，也很難引起性的快感。

脂肪和乳腺的比例與乳房的大小無關。換言之，乳房的大小和敏感度完全沒有任何關聯，有人說「胸部太大感覺就遲鈍」，其實是毫無根據的。

男人中有一小部分喜歡女人的乳房越大越好。「波霸」「巨乳」這些特別的字眼，也顯示出男人對大乳房的興趣。我這裡有個好消息給這些男士，日本婦女的胸圍有越來越大的趨勢。

我們來看看二十世代女性身材比例的演變，一九四八年平均身高一五四公分，體重五一．四公斤，胸圍八一．二公分；一九七〇年身高一五六．五公分，體重五一．一公斤，胸圍八一．六公分；一九八九年身高一五九．三公分，體重五〇．八公斤，胸圍八二．三公分（胸下圍則是七一．六公分）；到了一九九八年，身高一五八．二公分，體重五〇．四公斤，胸圍則是八二．九三公分。

二次大戰後，日本婦女變得高瘦，乳房卻越來越大。另外也有報告指出，日本婦女變成上圍整個突出的體型。

而發生這個變化好像只有日本婦女，與其他亞洲各國的婦女比較之下，出現了左頁圖表的結果。和其他國家相比，日本婦女的腰圍較細，體重較輕，胸圍則相對是較大的。

亞洲各個都市婦女的平均身材尺寸

	身高（cm）	體重（kg）	胸圍（cm）	腰圍（cm）	臀圍（cm）
東京	158.9	49.3	82.7	60.4	86.6
北京	161.5	50.1	79.4	64.2	85.1
首爾	160.6	50.2	82.3	65.4	84.2
台北	159.8	49.9	84.2	64.3	90.6
香港	159.5	52.2	84.6	65.2	88.1
曼谷	157.8	48.8	82.8	64.4	88.7
新加坡	159.8	52.9	83.1	66.5	85.9
雅加達	156.4	46.4	80.1	65.3	85.8

「胸部」的愛撫對象不是乳房，而是乳頭

乳房原本是神經分布較少的部位，但是爲何愛撫此處多半能使女人感到愉悅？理由有二。

第一個理由是，她們可以藉此感受男方所傳達的愛情。當男伴眞心誠意地愛撫自己的身體，她們的心靈就會感到充實。很多女人重視精神層面的滿足遠超過身體的需求。如果男人只因爲乳房不是敏感地帶而不去愛撫，她們通常會覺得男人對自己不是眞愛，所以請男士們積極地爲女伴愛撫吧。

另一個理由是，她們知道這是**愛撫乳頭的準備動作**。

相對於神經分布稀少而感覺遲鈍的乳房，乳頭卻是能夠喚起性欲、相當敏感的地帶。男人的乳頭如果讓女伴以唇舌舔弄，或是用手指揉捏，也會覺得很舒服，所以這種快感比較容易掌握。

此外，只有女性獨享的「混合高潮」（見第三七頁），在陰道達到高潮後

傳遍全身，乳頭也會有所反應，即使沒有被觸摸到，也會因快感而顫抖。所以說，與其愛撫神經稀少的乳房，女人眞正希望男人撫弄的是這個敏感的小小突起物。

輕柔地揉捏她的乳房，時而撥弄一下乳頭的尖端，時而在乳房的外側愛撫，慢慢接近乳頭……撩撥她更多的期待。只是胡亂揉捏她的乳房，可能會使她覺得很無趣。巧妙地挑逗她，愛撫就會更加有趣，也更能引燃欲火。

直接撫摸乳頭就像是一道主菜，先有了仔細愛撫乳房這道美味的前菜，她對主菜就會更加期待。接下來，我將介紹一些技巧，請以此爲參考，用心地爲她愛撫，使她願意完全把自己「交付」給你。如果由她自己說出「摸摸我的乳頭」，那你就成功了。

乳房、乳頭的愛撫

乳頭在勃起的狀態時，敏感度會提高，因此不可以貿然地去觸摸尖端。首先要慢慢挑逗她，從乳房、還有乳暈開始愛撫，靜待乳頭堅挺起來。有時候右邊和左邊的敏感度會有差別。有人說過度愛撫會使乳頭變大，影響兩邊的平衡，這完全是無稽之談，儘管愛撫可以令她愉悅的部位。

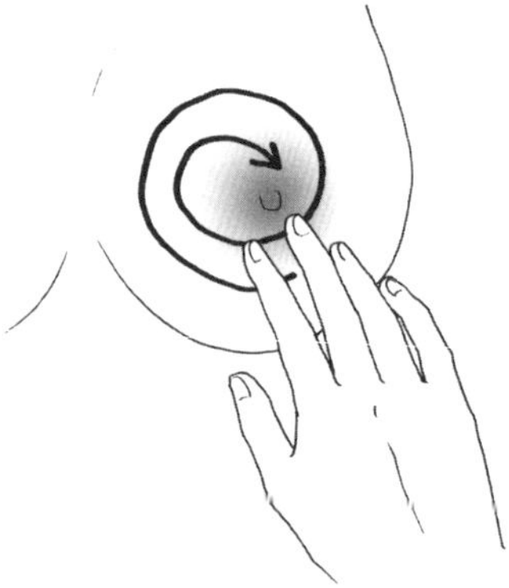

繞著圈圈
向乳頭靠近

技巧①

要使乳頭勃起就要輕撫乳暈。從乳房的外側像畫螺旋似的慢慢接近乳頭，同樣地，手指在乳暈繞圈圈，可以使她越來越期待。

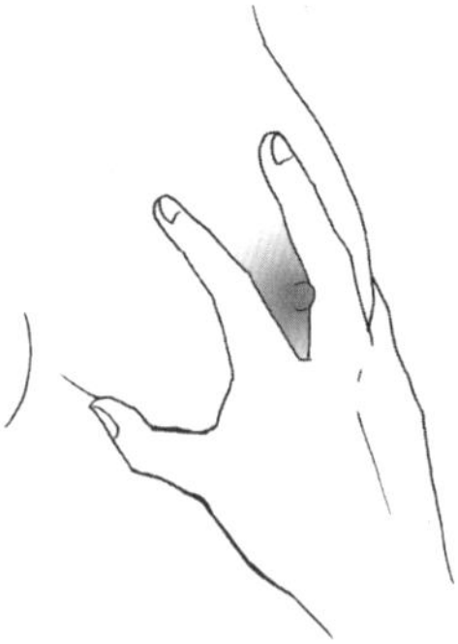

像猜拳出剪刀那樣
夾住乳頭

技巧②

將乳房由下往上包住似地揉捏，偶爾才挑逗一下乳頭，用食指和中指夾，就不會太用力，適度地給予愛撫。很多女性都覺得太用力揉捏會很痛，最好不要嘗試。

圖解

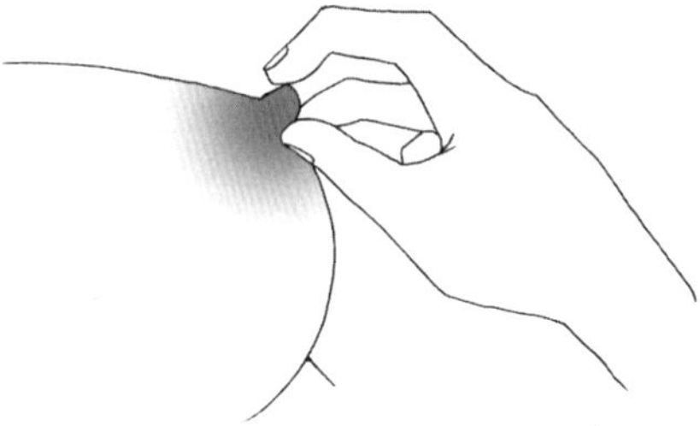

側邊和尖端都要刺激到

技巧③

乳頭完全勃起後，以中指和拇指從旁邊捏起。這兩隻手指從乳頭側面給予刺激，再用食指愛撫尖端。每個地方都平均地愛撫，就會有顯著的效果。

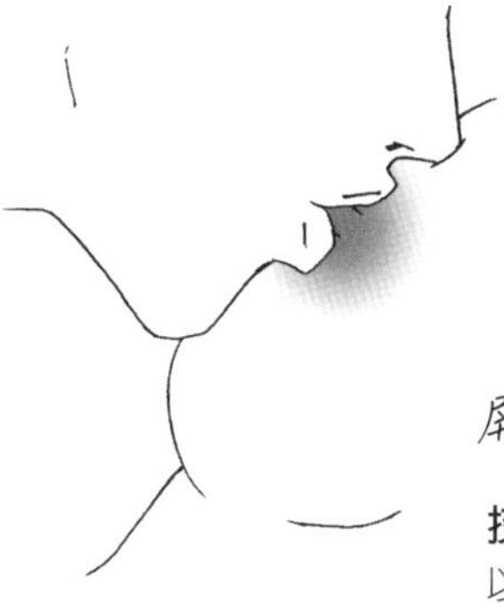

屏住氣息吸吮

技巧④

以口愛撫時，噘起嘴唇把乳頭整個包住，深深地吸吮。也可以整個嘴唇緊密地附著在乳頭，再用舌尖蜻蜓點水似的挑逗尖端。

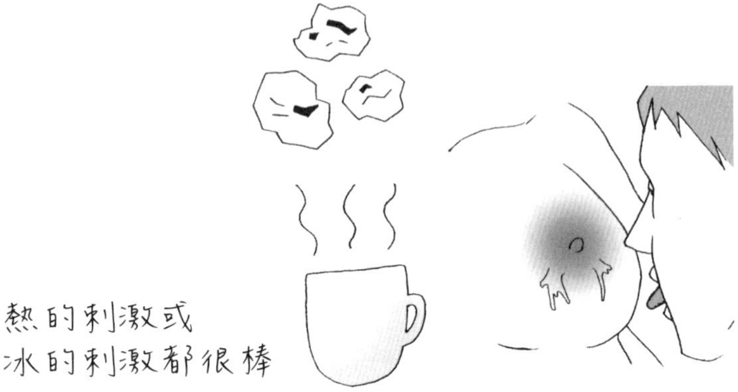

技巧⑤

天氣炎熱的時候，可以口含冰塊；天冷的時候，就改含熱飲，再舔弄吸吮乳頭。如此可以讓她舒服地享受溫差帶來的新鮮感覺。

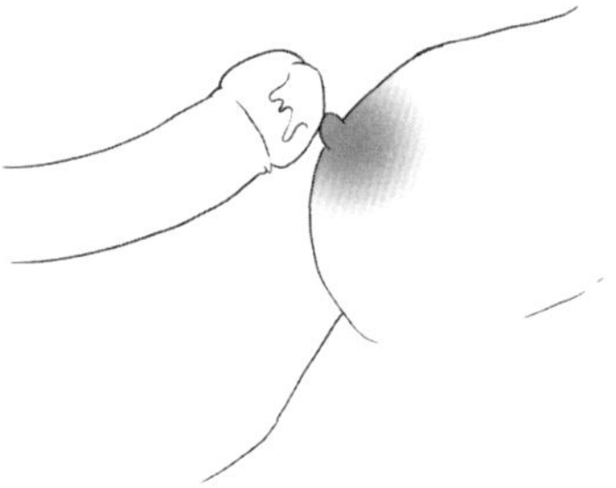
滑滑的觸感很舒服

技巧⑥

用陰莖的前端去刺激乳頭，有些女性會因此感到興奮。尿道球腺液剛好可以當成潤滑液，如果量少，也可以使用潤滑劑。

Chapter 5

實踐篇2
陰蒂喜歡輕柔的接觸

小巧可愛的陰蒂是讓女人舒服的裝置

通常我們會以珍珠、植物的初芽或是豆粒來比喻陰蒂，它的確是一個小巧可愛的器官。除了形狀可愛之外，光用手指或是舌頭輕輕地撫弄它，就會因爲敏感而微微膨脹的模樣，也令諸多男性對此愛不釋手。

這個部位相當於男人的陰莖，長度和大小等尺寸也因人而異。由於每個人都不一樣，有些男人就把它想像成女友的分身。

日本婦女的陰蒂平均長度如左圖所示，大約是三～四公分，直徑約五～七公釐，而美國婦女的平均長度是一．六公分，直徑則是三～四公釐，不過測量時的條件和方法可能有所差異，調查的結果很難拿來做比較。

話雖如此，我們肉眼所能確認的，只是陰蒂的一小部分而已，或可說是冰山的一角。陰蒂的全貌就如同第八六頁的圖示，它其實是一個很大的器官。

肉眼可見、珍珠般大小的部分稱作「龜頭」。雖然這是借男人陰莖的名稱，不過它們的共通點是很容易引起性興奮的敏感部位。它平常有包皮覆蓋保護著，有快感之後才會顯露出來。

從龜頭延伸出有兩條像腳一樣的肌肉，這兩條肌肉相當長，經過小陰唇的內側，將陰道包覆在裡面。

如果你用手指或舌頭刺激陰蒂，龜頭就會因快感而膨脹起來。就如同陰

日本婦女的陰蒂長度

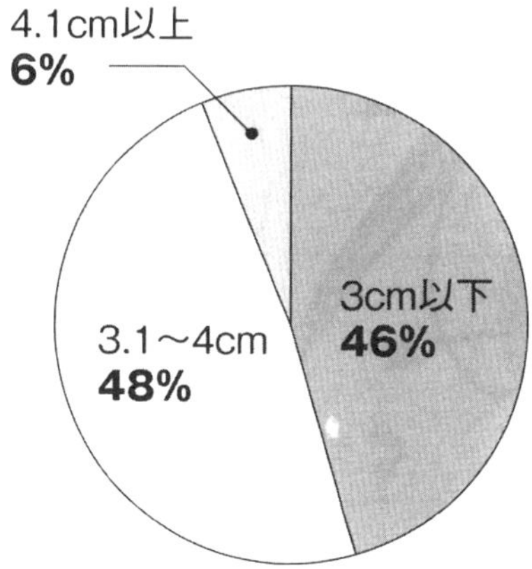

日本婦女的陰蒂直徑

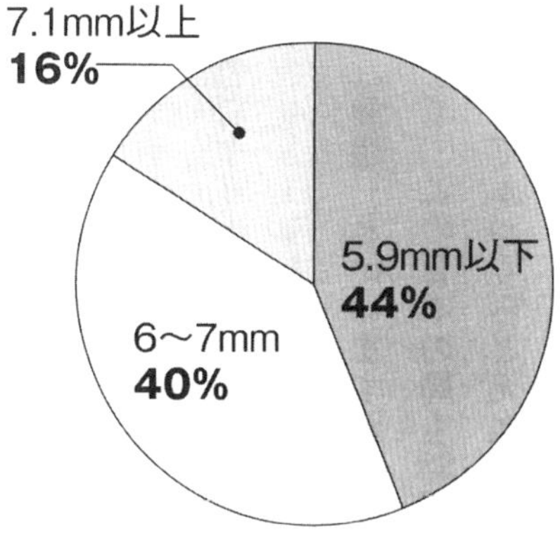

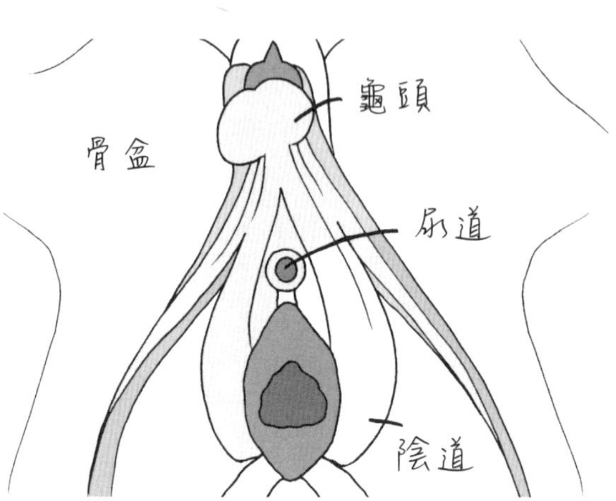

莖，這種現象也叫做「勃起」，不過女人的龜頭勃起時，兩旁細長的肌肉也會跟著勃起，甚至連小陰唇都會膨脹充血。陰道因此而被擠壓，一起感受這個刺激。

陰蒂有快感時，連陰道也一起覺得舒服就是因爲這樣的構造。如果陰莖插入後有這種現象的話，陰莖會在陰道深處像是被緊緊咬住一樣，男女雙方都會因此感到很舒服。

還有，有一種感覺男人可能比較沒有辦法體會，就是女人在做愛之後如廁，有的時候會有點尿不出來，其實原因就在陰蒂。

排尿的尿道剛好在陰蒂和陰道的

中間，當陰蒂有快感時，外露的龜頭和隱藏在體內的兩條肌肉都會膨脹變大，因而壓迫到尿道。有尿意卻尿不出來是很傷腦筋，不過換個角度想，這個現象也證明她的陰蒂得到很多快感。

♥兩人一起探索敏感地帶

大家都知道陰蒂是可以引起性欲、非常敏感的部位，甚至有很多女性只能從這裡得到高潮，所以前戲的時候一定要好好的愛撫這個地方。

在愛撫了全身和乳房之後，當你碰觸到她的陰蒂時，性器官的強烈刺激將會使她的身體更加興奮，情欲也跟著水漲船高。同時大陰唇和小陰唇整個充血，就會膨脹變厚，而陰道口滲出的愛液應該也會增加。

這與男人有快感時陰莖的反應很相似，實際上，女人陰蒂的反應和男人陰莖的性反應是來自同一個神經系統和反射回路。和陰莖不同的是，陰蒂平常都被包覆在包皮中，所以它比男人想像的還要細嫩，愛撫的時候一定要盡可能輕柔。

另外還有一個原則，就是**直接問她有快感的部位**。這個原則不僅限於陰蒂，如果你想讓她享受性高潮的愉悅，最快、最確實的方法就是讓她告訴你怎樣最有感覺。

不過，這對於經驗不多或是害羞的女性來說，要她們自己開口要求愛撫的方式是很困難的。你可以要她自己用手指撫弄陰蒂，而你在旁邊觀察。

不必擔心她沒有自慰的習慣，只要兩個人一起探索有快感的方法就可以了。就像左頁的圖示，你從背後抱她，要她稍微張開大腿。如此被你環抱的姿勢，可以給她安全感，而且因爲不是面對面，她也比較不會覺得害羞。

開始前從背後看過去也只看得到大陰唇，小陰唇和陰蒂都還藏在裡面。首先，請她自己用手指找一下敏感的地方，找到有反應的地方後，再由你來愛撫。

持續愛撫之下，一開始不敢張開的大腿會變得無力，自然地打開，這表示她眞的開始有快感了。接著她會自然抬高骨盆，讓整個性器官都朝上。當她變成這樣的姿勢，勃起的陰蒂和充血的陰唇也都變得明顯易見。再來只要等她自己自慰到高潮就好了，你接手之後，當然也可以愛撫剛剛發現的敏感地帶。

先前我曾經提到過性高潮是需要學習的，陰蒂高潮也是其中之一。對缺乏經驗的女性來說，一、兩次的練習是不足以使身體記住這種感覺，再者，女人的性器官原本就是很細嫩的，每次依環境、身體狀況、情緒的不同，敏感地帶和感覺也都會有若干差異。請耐心地花上一到三個月的時間，兩人一起慢慢地探索快感的部位和方法。

♥不要忽略她暗示厭惡的訊息

陰蒂是很細嫩的部位，愛撫的時候如果用力不當，或是用牙齒咬，都會使她感到疼痛。能坦率的說出自己覺得舒服或是疼痛是最理想的，但是如果她剛好很害羞，看起來欲言又止的話，你就要注意其他的反應來判斷她是否有快感。

如果她的下半身開始迎合你手部的動作，那就表示她已經有快感，覺得很舒服了。相反的，如果你一摸她，她就像逃走似地避開你的動作，那就是你所給予的刺激太過強烈，她已經感覺到疼痛了。當你用手指撫弄她的陰蒂時，另一隻手要輕輕抱住她的身體，她如果覺得舒服，身體就會更貼近你，如果覺得疼痛，你也可以馬上知道她正在抗拒。

陰蒂有快感的時候會充血、勃起，不過有些人並不會膨脹得很大，要記得，勃起的程度並不是用來判斷快感的指標。

圖解

陰蒂的愛撫（手指技巧）

以手指刺激陰蒂的優點是，撥弄或揉捏都很容易控制力道，還有就是愛撫的時候可以一邊看著她的表情，確認她是否覺得舒服。不過，當手指和陰蒂都還很乾的時候，太強的摩擦會使她覺得疼痛。這時可以用唾液溼潤或是等她分泌愛液，也可以使用潤滑液。

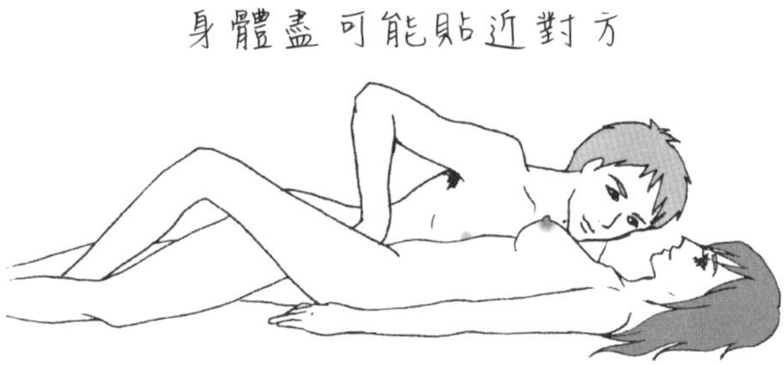

姿勢①

全身的肌膚之親比較容易引起女人的性欲，所以愛撫的時候將身體盡量貼近她。把手靠在她的恥骨上，就可以愛撫很久，手也不會酸。

姿勢②

要是覺得沒什麼變化，可以試著從背後挑戰！這與姿勢①的角度不同，感覺也會不一樣。還有可以嘗試一種綜合技巧，就是刺激陰蒂的同時，將拇指插入陰道。

技巧①

不要一開始就去撥開陰蒂的包皮，因為很多女性都會覺得疼痛。先隔著內褲或從包皮上面前後摩擦，慢慢地刺激。也可以大動作按摩整個外陰部。

不要一開始
就直接觸摸

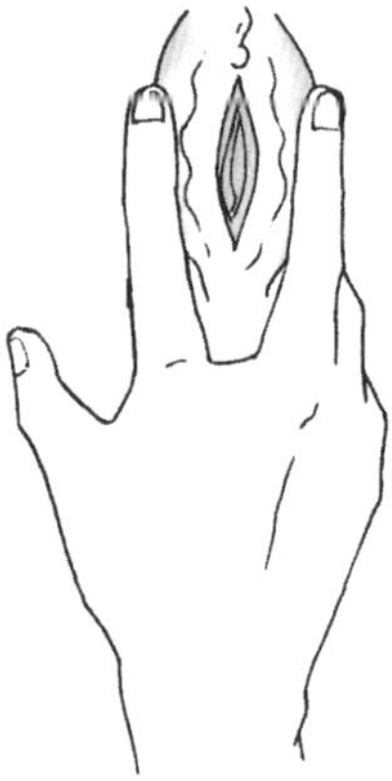

小陰唇
也是引發性欲的敏感器官

技巧②

直接觸摸陰蒂前，先用手指摩擦或輕揉小陰唇，效果也很好。因為陰蒂和小陰唇的神經是直接連結的，撫弄小陰唇同時適度地傳達刺激到陰蒂。

圖解

技巧③

如果她開始有快感，用手指稍微壓住包皮，輕輕地往頭部方向拉，使陰蒂的龜頭露出來，然後用比隔著內褲時更輕的力道撫弄。

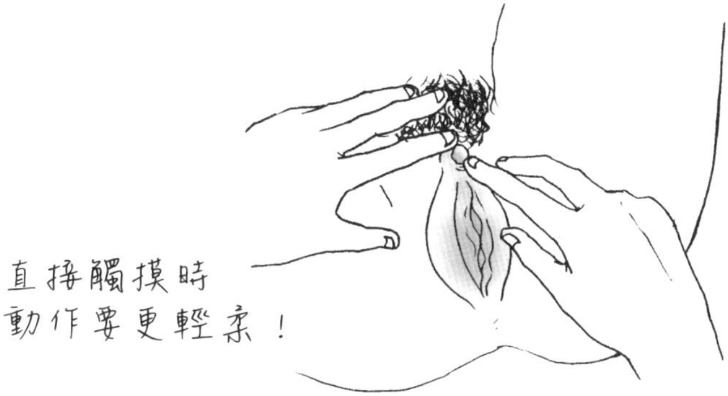

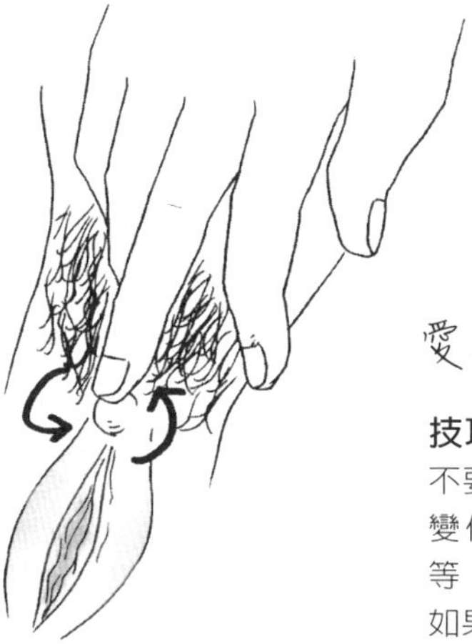
愛撫時動作帶點變化

技巧④

不要只是上下摩擦陰蒂，有的時候變化一下，畫個圈、用兩指輕捏等，強弱交替的刺激也很棒。不過如果她覺得痛了，就要馬上停止。

技巧⑤

當陰道開始滲出愛液，用手指稍微插入陰道口沾一些出來，當作潤滑液擦在陰蒂上，使磨擦更滑順，手指的動作也可以稍微加速。

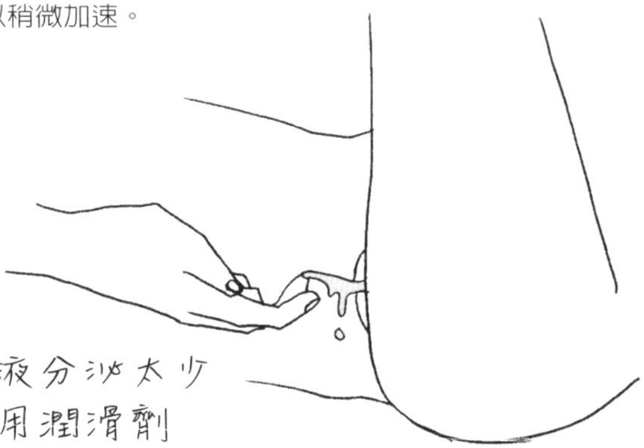

如果愛液分泌太少
也可以用潤滑劑

POINT !

不要改變節奏
保持輕柔、規律的愛撫

當陰蒂像脈搏跳動似地鼓動起來，就表示快要高潮了。手指的速度絕對不要在這個時候激烈加快，跟著陰蒂的鼓動，以同樣的規律愛撫，就可以確實帶領她達到高潮。

圖解

陰蒂的愛撫（口交技巧）

陰蒂在乾燥的狀態下被觸摸會馬上感到疼痛，它是一個很細嫩敏感的器官，用舌頭愛撫可以帶來溼潤的觸感，多數女性都很喜歡。此外，柔軟的舌頭可以自由變換形狀也是一個重點，陰蒂、小陰唇、大陰唇等，舌頭可以依刺激的部位在形狀和軟硬度上做變化，帶來更多的刺激，她也會因此更享受。

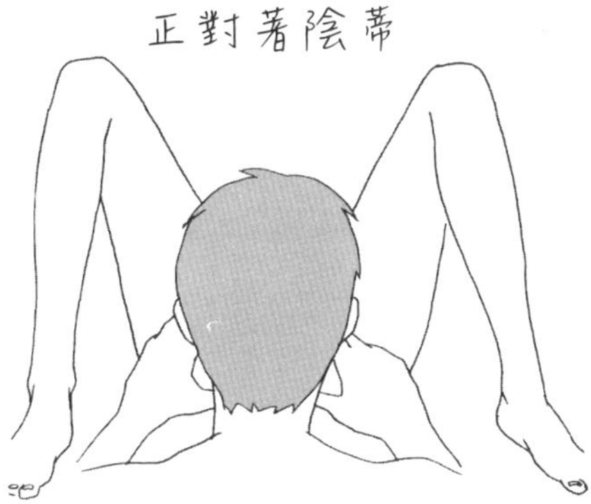

姿勢

女方張開雙腳成M字型，男方則面向女生的兩股之間，用雙手撥開小陰唇，正對著陰蒂。舔弄時唾液可能會滴下來，可以在女方屁股下面鋪一條毛巾。

技巧①

最重要的是，舌尖事先用唾液溼潤。就算嘴裡積滿唾液也不要吞下去，這些唾液會藉著舌頭的愛撫溼潤她的性器官。

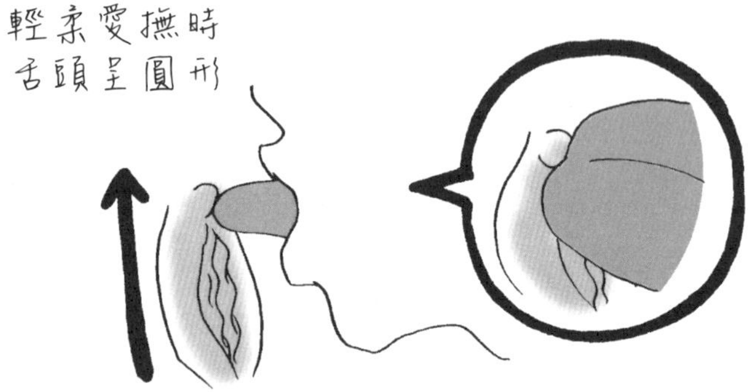
輕柔愛撫時
舌頭呈圓形

技巧②

在她性器官還不太溼潤，或是由下往上舔弄陰蒂時，不要緊繃舌尖，保持舌頭柔軟時的圓形，輕柔地愛撫。

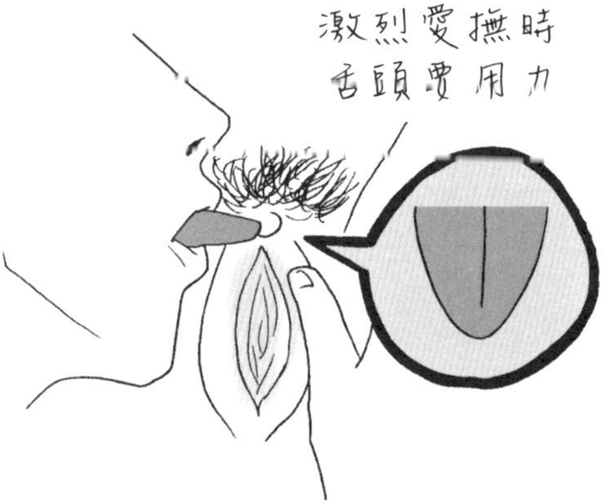
激烈愛撫時
舌頭要用力

技巧③

愛撫小陰唇或包皮時，或是她要求強烈的刺激時，舌頭可以用力挺尖，避開正面，改從側邊舔弄。

圖解

技巧④

吸吮陰蒂時，與以口愛撫乳頭一樣（請參考第81頁的技巧④），要整個嘴唇包覆，像屏住氣息。時而吹一口熱氣也不錯。

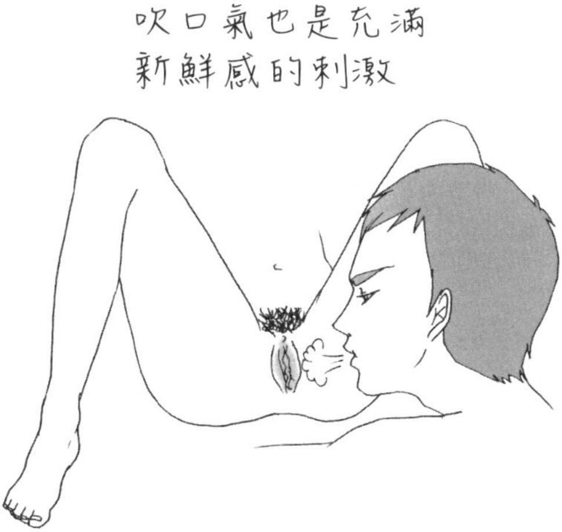
吹口氣也是充滿
新鮮感的刺激

從背後大膽地舔弄

技巧⑤

從背後以柔軟圓形的舌頭豪放地舔弄會陰和大陰唇也很棒。有些女生在小陰唇和大陰唇的交界縫隙被舌頭舔過時也會有快感。

女人的自慰實情

「你曾經自慰嗎？」這項問卷調查的結果，男性回答「是」的占大多數，而女性受訪者當中有此經驗者以三十世代占最多，卻也只是全體的半數而已。

到目前為止，你有過自慰經驗嗎？

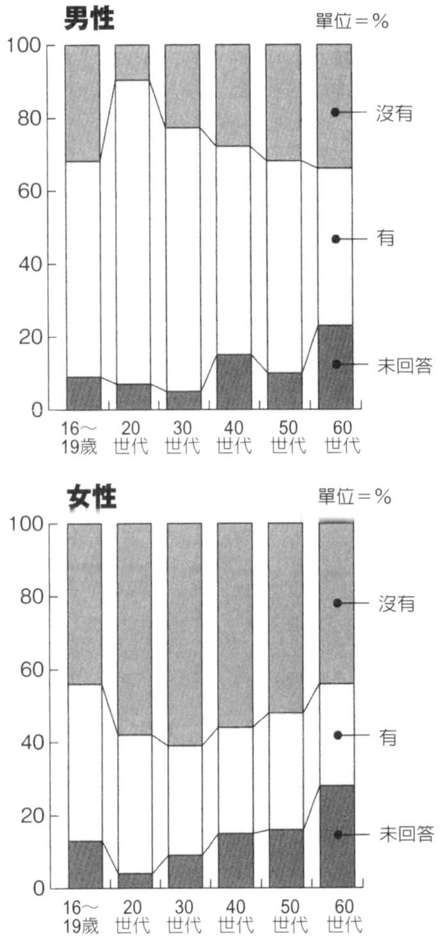

總和各年齡層的受訪者，接近一半的女性回答從未有過自慰的經驗。特別是十世代的受訪者，有自慰經驗者最少。從這項調查的統計數字可以得知，大多數男性在初次性經驗之前都曾經自慰，而女性則是藉由性行爲體驗過性的快感後才會想要自慰。

此外，再針對二十～四十世代男女進行自慰頻繁度的調查，回答「每週一次」～「幾乎每天」者男性占總數的三分之二，而女性只有三分之一左右。女

過去一年裡，你自慰的頻繁度為何？

20～40世代男性

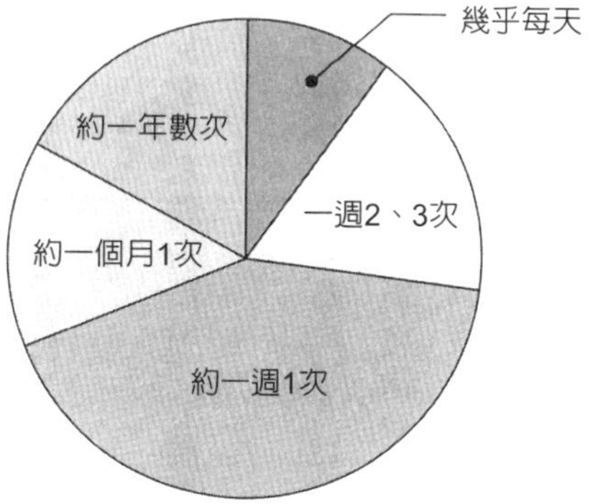

20～40世代女性

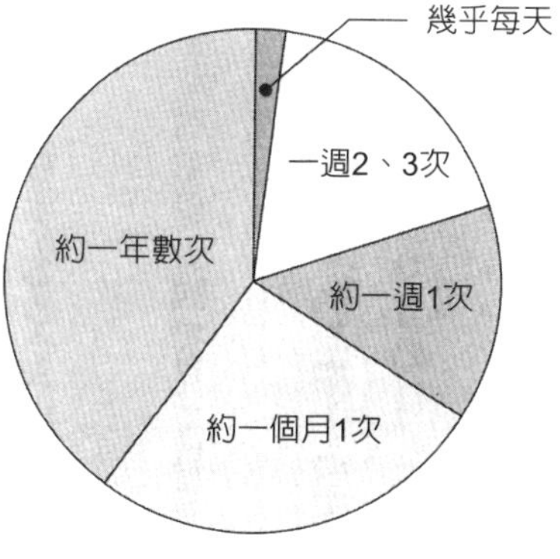

性受訪者回答最多的是「一年數次」，由此可知，平常有自慰習慣的女性眞的是少之又少。

這個調查結果的背後隱藏著女性普遍認爲有性欲、以及爲解消性欲而自慰這件事是「不應該的」。時代已經進入二十一世紀，也過了許多年，這種想法在女性當中仍然根深柢固，實在是令人感到遺憾。

身爲婦產科醫師的我，很想大聲疾呼「女性也應該多多自慰才對！」自己讓自己享受舒服的感覺，是有百利而無一害。

最大的好處就是，可以自己把握有快感的部位，不用覺得羞恥，也無需費心要求男伴，女人可以自主地沉醉於快感的機會，就只有自慰一途了。

還有，女性必須反覆學習才能夠掌握性高潮的感覺，用自己喜歡的方法讓身體記住絕頂快感後，與情人做愛的時候也比較容易達到高潮。

一項針對自慰的理由所做的調查，其結果如左頁圖表。

回答「爲了性的快樂、爲了解消性欲」而自慰的女性和男性一樣都占大多數，女性受訪者的回答中，還有一項値得注意的，就是「爲了放鬆、助眠」。

性高潮有助眠作用，使人睡得深沉安穩。此外，從高潮期的興奮平靜下來之後的消退期，身心充滿幸福的感覺也能使人放鬆。換句話說，這些女性回答「爲了放鬆或安眠而自慰」，就表示她們都會以自慰來達到高潮。

自慰既然可以充實與情人之間的性生活，對身心健康也能帶來好的影響，就沒有什麼好猶豫的了。自慰的頻繁度或方法沒有什麼特別的規則，只要自己

你會自慰的理由為何？

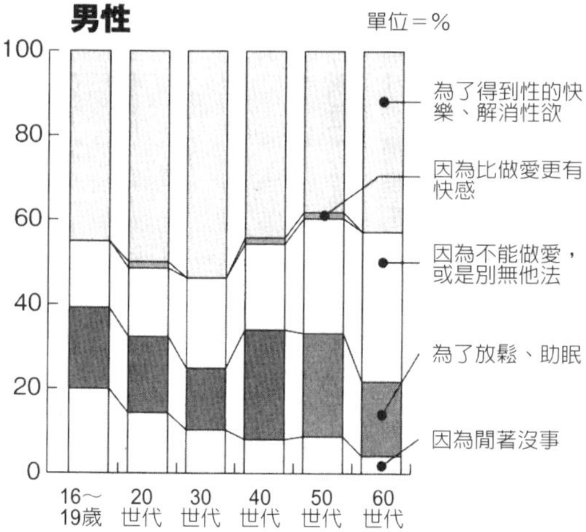

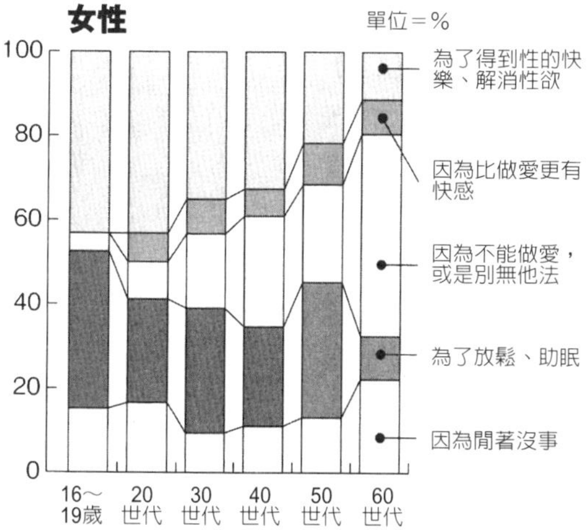

覺得舒服就可以。如果興致來了，就放鬆心情，自慰一下吧。

有些人只要刺激陰蒂就可以達到高潮，也有人在陰道內找到快感。只用手指刺激、用跳蛋或電動按摩棒之類的情趣用品、還是拿電動牙刷等隨手可得的道具等，都是個人自由，只是不要忘記保持清潔。

Chapter 6

實踐篇3
陰道需要簡單且仔細地愛撫

男人夢想的「名器」真的存在嗎？

對男人來說，陰道是一個很神祕的地方，既看不見，摸了也搞不清楚什麼構造，而且女人正在享受快感的時候，陰道裡更是千變萬化，一切都只能憑感覺，根本不知道實際的狀況。許多男人都嚮往所謂的「名器」，我想就是因爲陰道給人這種神祕的印象吧。

名器並沒有特別的定義，凡是能使男人更愉悅的陰道構造，就通稱爲名器。名器中比較具有代表性的有陰道內壁呈現許多細小皺摺的「千隻蚯蚓」，還有整個陰道都是密密麻麻的小突起，人稱「鯡魚卵天井」等。

這樣的陰道，陰莖插進去應該是很舒服的。如都市傳說口耳相傳那樣，異常珍貴的名器，身爲婦產科醫師的我就曾經見過一次。

那一次是內診的時候，我將手指插入該位女病患的陰道內，通常陰道內壁都一顆一顆的突起，但是這位女病患……我眞是大吃一驚，在她的陰道內壁，皺摺是很細微的顆粒狀，我帶著醫療用橡膠手套都還摸得到那種粗粗的感覺。原來這就是傳說中的「鯡魚卵天井」。

雖然我至今已見過上萬名女性的陰道，這卻是唯一一次的經驗。也正是因爲如此稀有，才會稱之爲名器吧。

不過，就算是所謂的名器，也不保證男人插入陰莖後一定舒服。反倒是陰道肌肉變成溫暖的皺摺，緊緊包覆陰莖，頻頻蠢動像是要擠出精液一般，男人才會爲此神魂顚倒。這就是俗稱「緊緻」的陰道。

女人有快感時，陰道會充血，陰道口約有三分之一左右會膨脹變厚，這就是所謂的「緊縮」現象。當她快感越來越強烈時，陰道也會更緊縮，這與骨盆底肌肉有很大的關係。雖然每個人情況或有不同，不過這裡的肌肉和手臂或腿部的肌肉一樣，是可以鍛鍊加強的。若依照第一一五頁所介紹的簡單運動練習，擁有「名器」眞的不是夢想。爲了充實兩人的性生活，不妨建議你的女伴試試。

愛撫女人的敏感部位只需要一隻手指！

只消慣用手的一隻中指——就可以愛撫她陰道內所有敏感的部位。那些以爲插越多手指越能取悅女伴的人，眞是大錯特錯！同樣地，將手指像陰莖那樣抽送的動作也是受到成人電影的影響，事實上根本是錯誤的行爲。

話說回來，陰道內有快感的部位只有兩個地方，那就是G點和子宮頸口。刺激這兩個以外的地方，坦白說，都是白費力氣。如果只是徒勞無功還好，有時甚至會弄痛女伴。

G點在進入陰道口約四～五公分靠近腹部的地方，由於它只是小小的、直徑約一公分的範圍，只要一隻中指就可確實地愛撫，根本不需要激烈的抽送。

如果是陰莖插入時，每次的抽送，龜頭都會摩擦到她的G點，所以不只是她，你也會同時沉醉在快感當中。但是手指不像陰莖，在陰道進進出出的根本就沒有意義。一旦抓定G點的位置，就用指腹以按壓的方式刺激才對。也可以像搔癢似地畫小圓圈摩擦。

另一個敏感部位子宮頸口，是在陰道最深處子宮的入口。日本成年女性的陰道長度平均是八公分左右，男士們不用擔心中指會搆不到。

首先將手指插入陰道，通過G點繼續往深處前進，就會在盡頭觸摸到硬硬的地方，這裡就是子宮頸口。即使她已經很溼了，一開始觸摸這裡時還是要盡可能小心，動作一定要輕柔。子宮頸口是很容易感到疼痛、很脆弱的器官，更不要說快速抽送了，絕對要嚴正禁止，這對女性來說只會帶來痛苦。女人的身體一旦感到疼痛，就會離高潮越來越遠。請用指尖或指腹像搔癢似地，輕輕地、輕輕地愛撫。

有人可能也會想用舌頭在陰道愛撫，不過遺憾的是，幾乎不能期待會有什麼效果。柔軟的舌頭要通過陰道口就已經很難了，即使進入到陰道內部，頂多也只能在陰道口二~三公分左右的地方刺激，不要說子宮頸口了，連G點都碰不到。

陰道內的愛撫只需要一隻手指，如果她覺得不太能滿足，最多再加上食指，切記兩隻手指就已經是上限。

太期待「潮吹」只會讓女人痛苦

當情人在陰道內愛撫時，有些女性會想要尿尿，這並不是什麼特別的事，甚至根本是一種自然現象。G點的正上方就是尿道，男人手指伸進來按壓這個部位，女人就會有尿意的感覺。尿意和快感其實就是一體兩面，除非她眞的覺得很不舒服，否則你可以一直這樣愛撫下去，說不定過一會兒，她的尿道就會滲出透明的液體，這就是「潮吹」現象。「潮」到底是什麼，至今醫學界也還不清楚，看起來是無色透明，沒有阿摩尼亞的味道，可能也是尿的一種。有人會像水槍那樣噴射出來，也有人是慢慢地滲出來，根據報告是有各種不同的形式。潮吹的量似乎也是因人而異，我還曾經聽過量多到床上都積水的。

女人潮吹所需要的刺激比男人想像的還要強烈。但是如果就爲了讓她潮吹而過度用力摩擦G點，大多數的女性都是痛覺遠勝過快感，也可能因此使她的身體受到傷害，這是很危險的行爲。潮吹原本就取決於個人體質，絕對不要勉強追求。在她不會感到疼痛的範圍內，可以嘗試看看，如果沒有任何潮吹的徵兆，雖然很遺憾，但是也只好放棄。

潮吹到底是不是女人覺得舒服的現象，至今也沒有定論，有些報告指出那是一種有別於性高潮的感覺，那種一邊潮吹，一邊沉溺於快感的女人，最好將她想成只限於成人電影裡的夢幻劇情吧。

陰道的愛撫

陰道的愛撫是陰莖插入前一個重要的步驟。只要一隻手指就可以刺激敏感的部位，有些男性可能會覺得這樣沒有變化很無聊，也可以同時刺激陰蒂等性感帶。不過原則就是「陰道＋另一個部位」。陰道有快感的時候，女人就只想把注意力集中在那裡，太貪心、同時刺激好幾個地方，反而無法達到高潮。

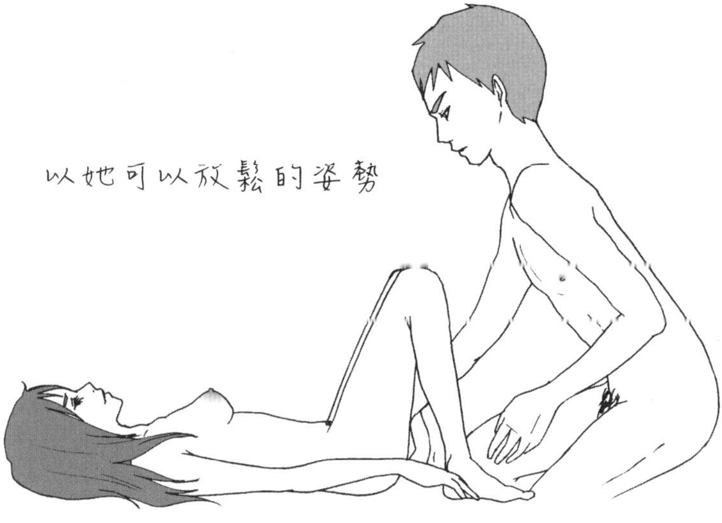

姿勢

女方仰臥時會全身放鬆，手指才能順利插入。男方的位置可以隨意，不過從女性的兩股之間正面插入，比較能夠確實進入深處。

圖解

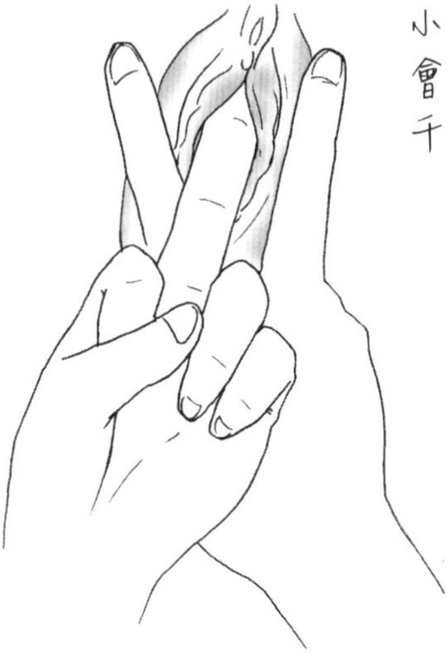
小陰唇也一起捲入
會引起疼痛
千萬要小心！

技巧①

一手的食指和中指先將小陰唇撥開，另一手的中指再插入。如此女方即使愛液很少，小陰唇也不會被插入的中指一起捲進去。

技巧②

首先插入中指到第一關節，確認一下她的反應，看起來沒有疼痛或不舒服的話，再整個插入。如果她表示會痛，可以使用潤滑劑。

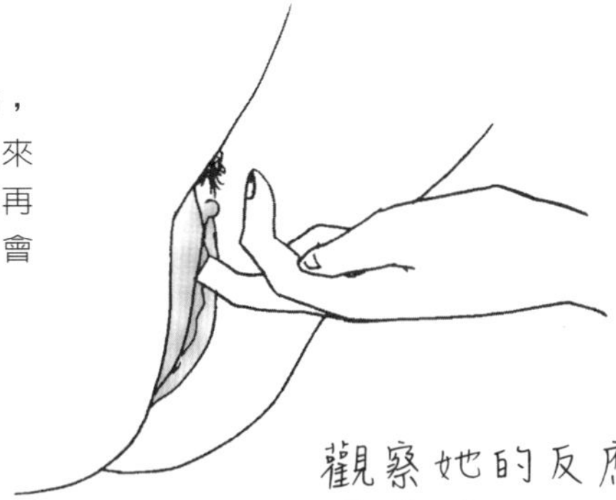
慢慢進入

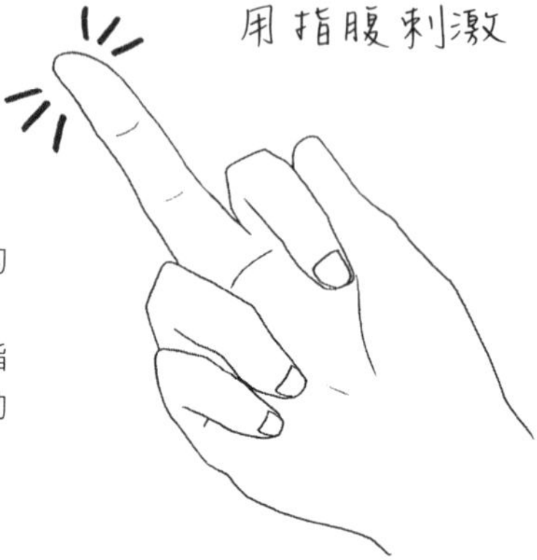

技巧③

G點在尿道下方靠近腹部的地方，充血的時候會膨脹，所以很容易感覺出來。用指腹輕輕按壓，或是輕微震動手指摩擦，輕柔地刺激它。

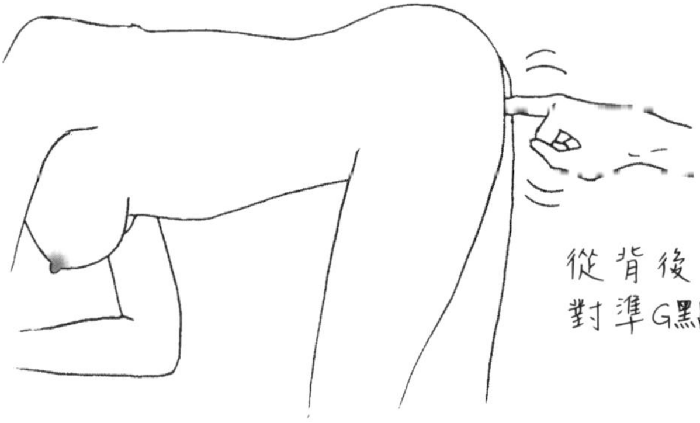

技巧④

靠近屁股的陰道內壁神經比較少，女性不太會有感覺。如果要改從背後愛撫的時候，手指不要向上彎曲，而是應該向下去刺激G點。

圖解

技巧⑤

子宮頸口的刺激是用指腹輕撫硬硬的部位。如果她不覺得痛，可以慢慢加強力道。記得要留意她的反應。

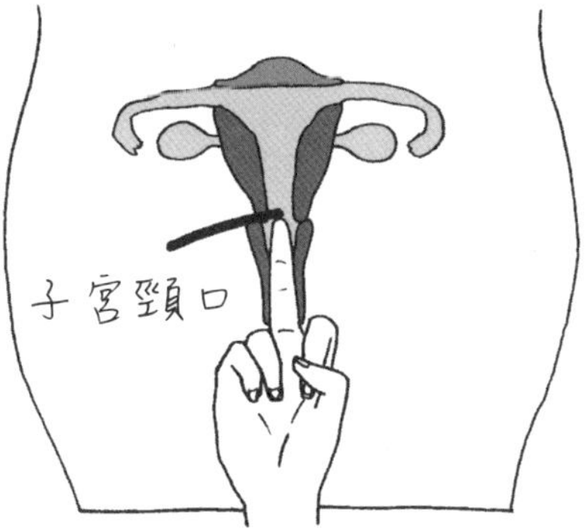

POINT！

不要急躁
輕柔地愛撫！

快要高潮的時候，愛液的分泌量會增加，整個陰道也會變得更肥厚。這個時候如果急著加快手指動作的速度，那就沒戲唱了。不要改變節奏和強度，只要繼續刺激G點或子宮頸口，很快她就會達到高潮了。

打造「名器」的陰道緊縮運動

對男人來說，真正的「名器」不是什麼特殊構造的陰道，而是「緊緻」的陰道。可以夾緊男人陰莖的力道，也就是「陰道壓」，這並不是天生的。它與腹肌或是身體其他部位的肌肉一樣，是可以鍛鍊的。

那麼，該鍛鍊哪裡呢？就是位於骨盆底部的一塊大肌肉，稱作「骨盆底肌肉」。

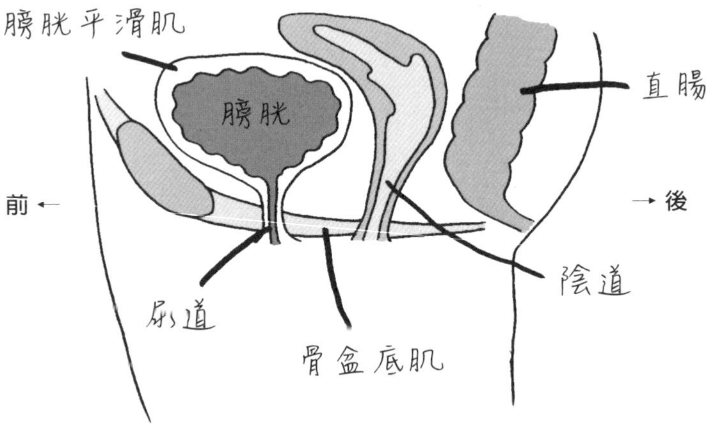

想要鍛鍊這個部位的肌肉，可以做一種稱為「凱格爾體操」的運動。這原是用來改善產後女性普遍煩惱的漏尿問題，以及銀髮族克服頻尿的運動，藉著緊縮肛門和陰道，就能加強尿道收縮的力道。方法很簡單，次頁①「基本動作」只要做五分鐘左右就可以了。不過，重要的是每天做，並且持之以恆。熟練了以後可以接著做②「應用動作」。耐心地持續做下去，大概三個月後就可以看到效果，妳也可以擁有男人所嚮往可以夾緊陰莖、充滿皺摺的溫暖陰道。

專欄 Column

①基本動作

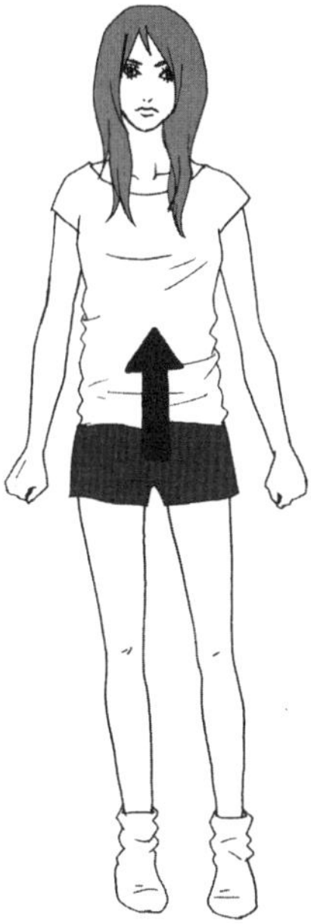

❶吸氣，用力收縮陰道和肛門，想像將它們收進體內，或是尿尿中途停止那樣。

❷保持❶的狀態約5秒，不要放鬆。腹部和臀部的肌肉也不能動。

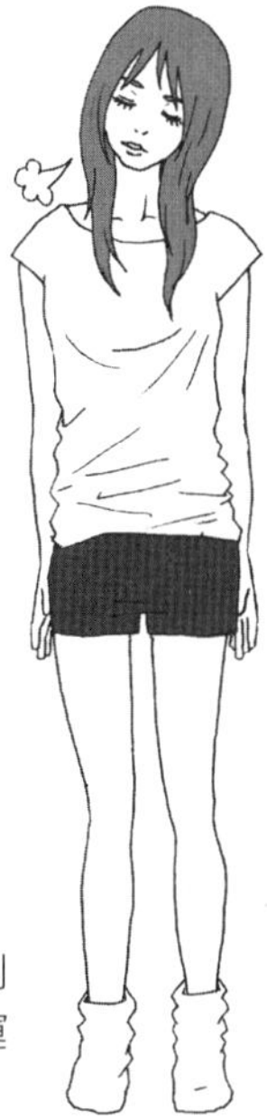

❸放鬆，休息5秒。

❹❶～❸的動作8次為1回，每天做5～10回，可以分別於早、中、晚及就寢前運動，很快就能看到效果。

②應用動作

①的動作熟練以後，可以改採下面❹～❼的姿勢，做一樣的動作。

❹ 仰臥並伸展背肌。

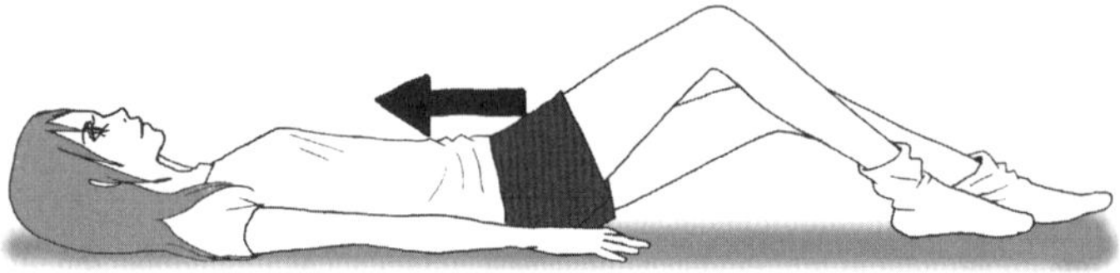

❺ 手肘和膝蓋著地。

❻ 手靠在桌邊。

❼ 坐在椅子上。

Chapter 7
實踐篇4
男人也需要妳的愛撫

在意陰莖大小的男人很愚蠢！

現在可能比較不容易看到澡堂裡小男孩們裸著身，互相比較小雞雞的大小，這樣的光景實在讓人不禁莞爾。

這些小男孩實際上不是在比大小，而是互相看到對方的小雞雞就覺得很有趣而已。不過成年男性對陰莖的尺寸，可就沒有那麼天眞無邪了。自己是不是太小？還是太大？很多人對此都相當苦惱。

陰莖是男性最重要的象徵，對此耿耿於懷也不是很難理解的事，但是仔細想想，你會因爲情人的乳房不如理想就厭惡她嗎？她的性器官形狀或顏色不是你所想像的，你就性欲全消嗎？同樣的，太在意陰莖的粗細或長度，根本是毫無意義的事。

日本人陰莖的平均尺寸，在還沒有勃起的狀態下是八．五公分，周圍的長度是八．六公分。歐美人的平均長度是九．五公分，他們的尺寸比日本人要大得多是事實。

不過，日本人的特徵是膨脹率。鬆弛時和勃起時比較起來，美國人會膨脹二·六倍，而日本人的膨脹率是三·五倍。

此外，雖然不是很確切的資料，許多人認爲歐美人的陰莖勃起時還是有一點軟軟的，日本等東亞人的陰莖卻是相當堅硬。

是大的好還是小的好、硬的好還是有一點軟軟的比較好，這些都**隨女人的偏好而定**。還有，因爲小、快感就比較少，或是因爲大就很有感覺之類的也都只是無稽之談。雖然的確有些女性會因爲情人的陰莖比較小而稍嫌不足，但是也有人覺得被尺寸過大的陰莖插入只有痛苦。

無論如何，在體位上花點心思，調整一下插入的角度，就可以解決這些問題，完全不需要煩惱。不要在乎尺寸，追求與女伴一起享受的結合才是性愛之道。

如何讓討厭口交的她願意為你愛撫？

仔細地愛撫她的身體，細細品味，接著就是插入……在這之前，男人也很希望女伴可以愛撫一下陰莖呢。如果她在前戲的時候充分感受到你的愛與體貼，很自然地，她應該也會想要撫摸你的身體，也願意積極地做一些令你覺得舒服的事。

但是，如果已經交往很久的話還好，要是才剛開始交往，她根本還不知道哪裡才是你覺得敏感的部位。就像你看著她的身體，一邊煩惱著要如何讓她更有快感一樣，她也渴望知道你的敏感部位。

陰莖的快感對女人來說有一大堆不解之惑，因此哪裡才敏感、怎樣做才能使你開心，這些話**最好都由你自己來告訴她**。你越開放你的身心，她的愛撫也才會更濃密。

愛撫陰莖主要是以口或手兩種方式。坦白說，男人是兩種都喜歡，而女人當中，有人特別不喜歡用嘴愛撫，也就是口交。理由不外乎心理上排斥，還有就是總有一種想吐的感覺。

如果是前者，對那些打從心底厭惡的女性，就不要去強迫她了，而後者的問題是有解決的辦法。有東西頂到喉嚨深處或是舌根部位會想吐，那是人的反射動作。有沒有見過喝得爛醉的人將手指伸進嘴裡作嘔吐狀？發生在這些女人身上的就是類似這種現象。也就是說，兩人只要採取陰莖不會深入到喉嚨的姿勢就可以了。請參考第一三一頁起介紹的口交技巧，建議你的女伴一些不會造成負擔的方法。如此一來，過去不願意幫你口交的她，一定也願意配合你的要求。

「深喉嚨」其實沒有想像中的舒服

我想聽到口交技巧就馬上想到「深喉嚨」的男性一定不少。這種口交手法是女人含住男人的陰莖直到根部，如此陰莖一定會頂到女方的喉嚨深處，讓她覺得很不舒服、想吐等等。

然而這種技巧在成人電影卻是一定會上演的戲碼。就像我經常說的，成人電影是實現男人對性的願望，換句話說，就像是幻想的東西，每次都要安排這種劇情的理由是，即使深喉嚨很有可能會使女人感到痛苦，但這對男人來說卻能得到至高無上的快感……之類的迷思。但是，這種想法其實是大錯特錯！就算伸進女人的喉嚨深處，陰莖也不見得有多舒服。

陰莖最敏感的地方是龜頭和內側上方的包皮繫帶。男人要從陰莖得到快感，在這兩個位於前端的部分集中給予刺激是最有效的。要求女人努力含到根部，坦白說，只是浪費時間而已。

深喉嚨只是在追求視覺效果，男人明明無法由此得到快感，卻要女人做這種辛苦的事，實在很不應該。

如何才能長時間享受口交？

當你受到她唇舌的刺激而完全勃起時，就想馬上插入陰道嗎？還是你比較喜歡享受這種輕柔的愛撫直到射精呢？

不管你喜歡哪一種，女人口腔那種溫暖的觸感，總是讓人想多享受一會兒。

陰莖有快感時，靜脈的血流會增加、龜頭顏色會變深、陰囊會硬挺起來。同時腰部還會不知不覺地往前挺。這樣的狀況下再繼續刺激的話，不久後就會達到高潮，然後射精。

不想那麼快就射精的話，興奮度約七成的時候，就要女伴先暫停愛撫，等快感稍微退去之後再繼續。如果是高潮的前　刻可能沒有辦法回頭，不過再稍微提早一點讓自己暫時冷靜下來，舒服的感覺就可以一直持續下去。

就像你吊她的胃口一樣，稍事休息之後的快感將會更加強烈。想克服早洩煩惱的人也可以利用這個方法訓練。

此外，當你正在射精的時候，你希望讓女伴緊握並用力吸吮這樣的強烈刺激，還是輕握住用嘴巴溫柔地愛撫呢？男人對此是各有所好。有些人會要求女伴用力緊握，不必擔心太用力會造成血液循環不良的問題。不過，要是太習慣這種緊握的方式，對於女性陰道所給予的刺激可能就變得稍嫌不足，反而造成無法射精等障礙。

至於要不要喝下陰莖射出的精液，就任由女伴去決定了。精液的味道因人而異，但絕對不是什麼好吃的東西。假設你被要求喝下自己的精液，你一定會心生排斥，同樣的，對女伴來說，這種行爲多多少少都需要克服心理障礙。

不過喝下精液對身體並不會造成什麼不好的影響，而精液裡面含有男性荷爾蒙，喝下去可能會長出鬍子的說法也只是謠傳，不用擔心。

也要同時刺激敏感度僅次於陰莖的性感帶——陰囊

男人很自然會希望女伴在刺激陰莖的同時，也能以手或舌頭愛撫陰囊。由於這兩者神經是連在一起的，陰囊和陰莖的快感是互通的。和女人比起來，男人的敏感部位較少，不過還是希望他們能夠積極、貪心地追求快感。

陰囊裡有兩個睪丸，成年男性的睪丸呈扁平的橢圓形，外面包著一層薄膜，這裡每天要製造幾千個精子。

日本人精巢的平均尺寸，直徑約四公分左右，右邊的重量是八．三九公克，左邊則是八．四五公克。一般左邊都比右邊稍微大一點，很自然地左邊睪丸的位置也比較低。

精巢裡存有約十五毫升的精液，積存就會有釋放的欲望，也就是大多數男性都曾經體驗的性欲。

有少數的人對於陰囊的刺激比陰莖要來得有快感。雖然只刺激陰囊也有可能會達到高潮，但是對女人來說，她們實在不知道該怎麼愛撫陰囊才能勝過陰莖的感覺。所以清楚地告訴她希望受到怎樣的愛撫，才是通往快感的捷徑。

愛撫可以用手或嘴，如果她已經熟練了，可以試著挑戰綜合技巧。嘴含住陰莖的同時，手撫弄陰囊，或是反過來，手握陰莖上下滑動時，嘴含住陰囊，同時刺激就可以得到更強烈的快感。

男人的乳頭和耳垂也是敏感的性感帶，感覺和女人大致相同。當你愛撫她的時候，就用你自己希望被對待的方式，之後再要求她模仿你的動作，這樣她也比較容易記住如何使你得到快感。

陰莖的愛撫（手指技巧）

大部分男人自慰的時候，都很習慣用自己的手去刺激陰莖，因此給予女伴建議並不是一件困難的事。可以先用自己的手示範，女伴也比較知道該怎麼做，或者不要多說，隨女伴的意思撫弄，也可以享受一下與自慰時不同的樂趣。

只要是兩個人
都輕鬆的姿勢就OK

姿勢

並沒有特定的姿勢，坐在躺下的男伴身邊，另外一隻手或嘴可以同時刺激他的乳頭或耳垂。也可以兩人一起躺下，女方從男方的背後伸手愛撫，感覺更親密。

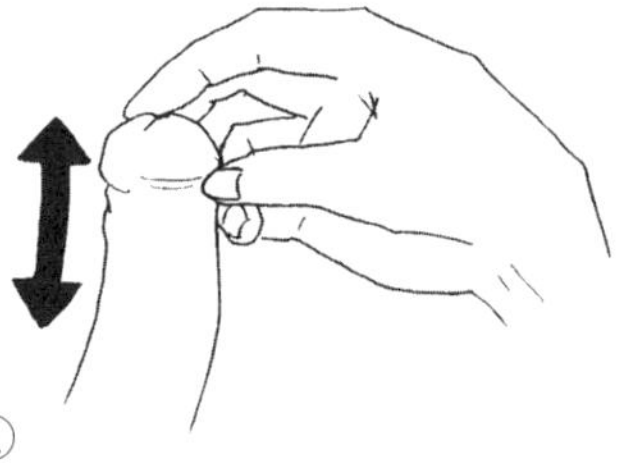
滑順地上下移動

技巧①

以拇指和食指圍起的小圓圈握住龜頭下方，也可以加上中指，然後在陰莖的主幹上，帶著皮一起上下滑動。注意動作不要斷斷續續的。

圖解

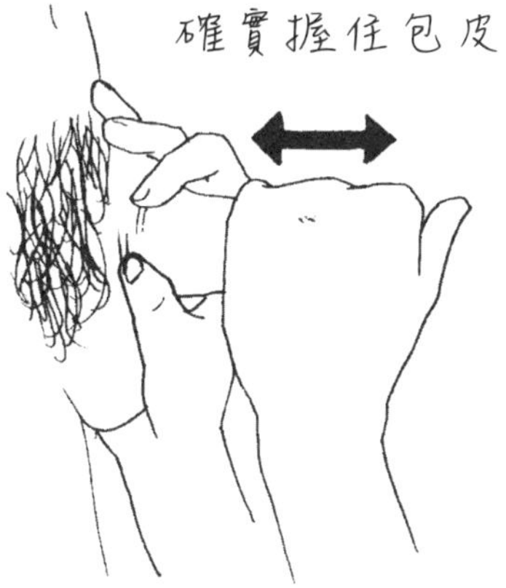

技巧②

一手將多餘的包皮集中推到陰莖根部，另一手從根部往龜頭方向滑動，男人可以享受到近似於插入陰道的感覺。這個動作最好是尿道球腺液分泌很多時再進行，以防止摩擦的不適。

技巧③

食指和中指在龜頭的底部旋轉，或是像拔酒瓶蓋那樣抽拉龜頭，就可以給最敏感的龜頭和包皮繫帶集中的愛撫。

技巧④

如果還有餘力，另一隻手可以摩擦陰囊，或者親吻他的乳頭或嘴唇。男人雖然不能享受「混合高潮」，不過有快感的地方越多，他也會越舒服。

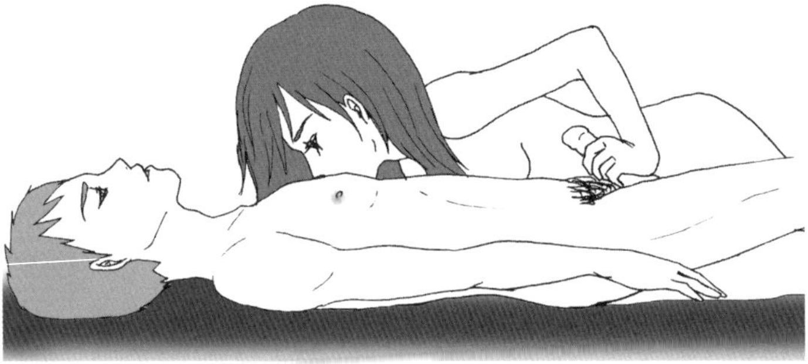
同時進攻幾個部位
男人也會很開心

快達陣的時候
要加速

POINT！

如果已經有高潮徵兆，上下滑動的手就要開始加速。兩隻手握住整個陰莖上下滑動就像是在陰道內，如此男性會很容易就射精。

圖解

陰莖的愛撫（口交技巧）

與充滿愛液溼潤的陰道相同，有唾液溼潤的口腔也是讓陰莖享受極度舒適的空間。即使女伴過去排斥口交，你仍然可以積極地協助她，例如避免會引起噁心感的姿勢等，或許她就會願意嘗試。口交不是女性單方面的行為，應該要抱持著兩人一起進行的態度。

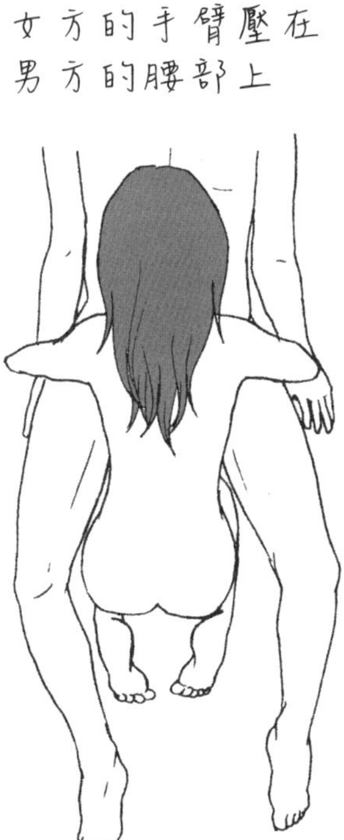
女方的手臂壓在
男方的腰部上

姿勢①

男方仰臥，女方則置身於其兩股之間，手握住陰莖根部，同時手肘壓在男方的骨盆上。固定住腰部和陰莖的位置，女方就沒有陰莖伸進喉嚨之虞。

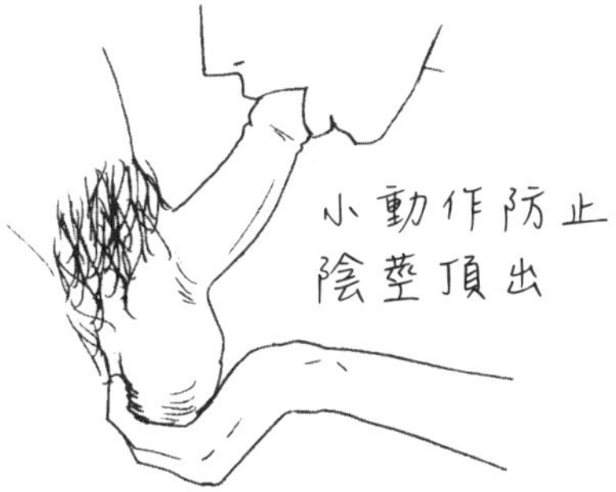
小動作防止
陰莖頂出

姿勢②

拇指和食指扣住陰囊內的睪丸，再以整個手掌包住陰囊，往肛門方向下拉，如此就像韁繩一般，防止陰莖頂出來。

姿勢③

無論如何都想體驗一下深喉嚨，改以69姿勢進行，從這個角度即使將陰莖含至根部，也不會刺到喉嚨，不過龜頭和包皮繫帶就刺激不到了。

技巧①

陰莖還沒有勃起的狀態也可以含住，很多男人都很享受這種感覺，吸吮時嘴唇要貼緊陰莖周圍，不要有空隙。

即使還軟軟的
被撫摸的感覺
還是很舒服

充分的唾液可以當潤滑油

技巧②

盡量分泌唾液使嘴唇的觸感滑順，即使多到流出來也不要吸回去，就讓它留在陰莖上。口腔乾燥的時候，可以事先嚼口香糖以保持口內溼潤。

圖解

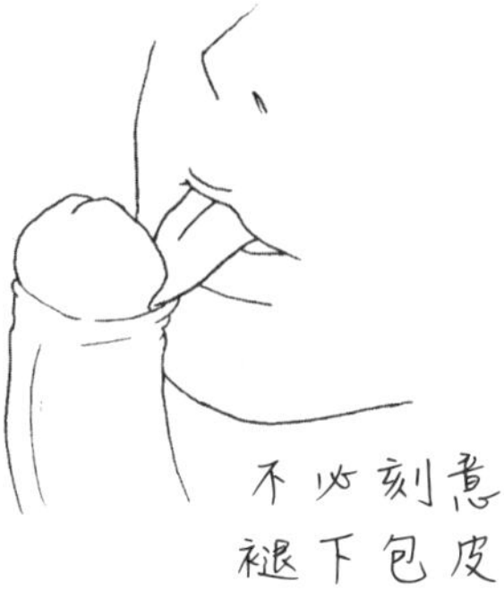
不必刻意
褪下包皮

技巧③

一開始不必刻意褪下包皮，舌頭伸進包皮中，或是嘴唇含住包皮上下滑動，利用包皮愛撫也可以適度刺激陰莖。

技巧④

愛撫龜頭或包皮繫帶時，先用手將包皮集中到陰莖根部，像舔冰棒那樣舔弄整個陰莖。

來回舔弄尖端
會很舒服！

多種愛撫
可以增加快感

技巧⑤

基本上，牙齒盡量隔著嘴唇上下運動，不要直接咬到陰莖，有時可以用牙齒內側刮搔，多點變化。還可以密集地親吻，或是用舌尖輕輕頂壓，刺激有強有弱，可以預防動作太過單調。

技巧⑥

如果還有餘力，不妨挑戰手口並用的綜合技巧。龜頭和包皮繫帶用舌尖輕輕刺激，感覺比較遲鈍的陰莖主體則用手上下抽動。記得要事先用唾液塗滿陰莖。

POINT！

像是要將精液吸上來的感覺！！

如果有即將達到高潮的徵兆，就將龜頭整個含住，男方可以感受到和插入陰道一樣的快感。上下抽動，同時用力吸吮，讓他射精。

陰囊的愛撫

陰莖和陰囊在構造上是只要愛撫其中一邊，另外一邊也同時能得到快感，所以並不一定要先愛撫哪一邊。先以手或口愛撫陰莖，等它完全勃起後，再去摩擦陰囊，或是先輕輕撫弄陰囊後，再用嘴含住陰莖，挑逗他的性欲就可以使他得到快感。

技巧①

以五指按摩陰囊，一開始以輕撫皮膚表面的程度輕輕地愛撫，接著以指尖撫弄睪丸，也可以用拇指和食指圍成小圈圈給予刺激。

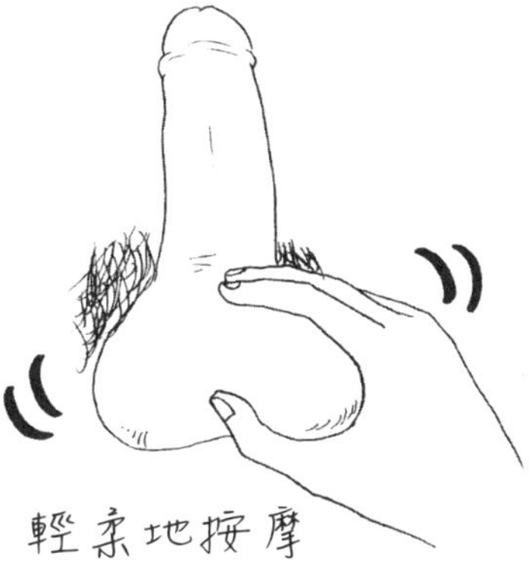

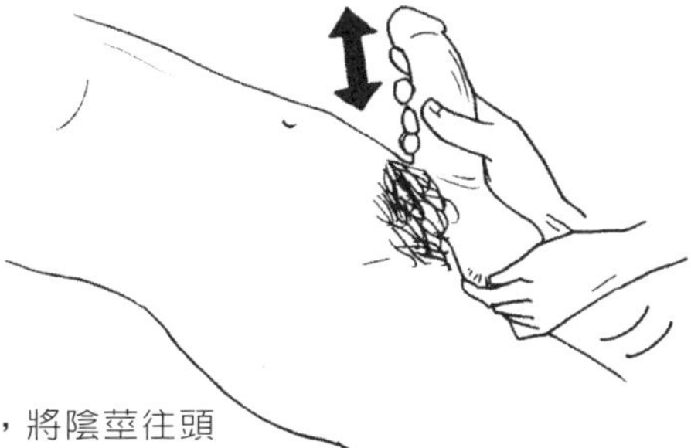

技巧②

同時愛撫陰莖和陰囊時，將陰莖往頭部方向拉起並上下滑動，陰囊則是往肛門方向下拉，以手指揉捏按摩。

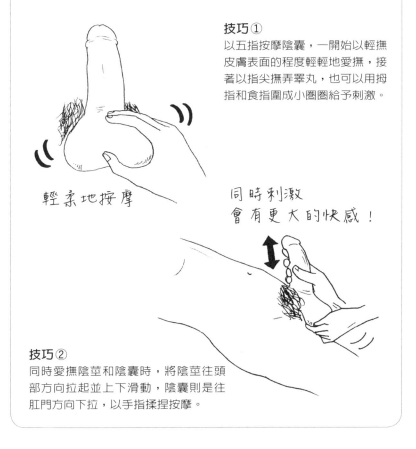

Chapter 8

實踐篇5
最後的重頭戲＝插入！

插入的時機由女方決定

如果她的陰道已經習慣了你中指的刺激，而你的陰莖硬度也足以進入陰道，那麼就可以準備插入了。

插入的時機最好由她來決定。陰道是否已經準備好迎接陰莖的進入，只有她自己最清楚。如果你的女伴個性眞的很害羞，不敢開口要你插入，換你溫柔地問她：「我可以進去了嗎？」

即使她已經同意，也不要貿然地將陰莖一路插到底，**記得要盡可能慢慢地插入**，否則小陰唇被陰莖捲進陰道，女人會覺得很痛，有時還會造成陰道入口擦傷，相當危險。

另外還有一個地方需要注意，就是陰道最深處，也就是子宮的入口，子宮頸口。勉強推到深處會使這裡產生劇痛，就算已經先用手指愛撫使它放鬆，也不要掉以輕心，隨時看她的反應慢慢地深入。

如果你和伴侶還不想有小孩，一開始就要戴上保險套。來婦產科求診的女性當中，也有意外懷孕的人。有人說明明有避孕……待我了解詳情後，幾乎都是一開始「無套」插入，到男方快要射精的時候，才趕快戴上保險套，或者體外射精。這樣保險套的效果只有一半而已。

尿道球腺液裡多多少少都混有一點精液，保險套一定要插入前就戴上，無論男女，都千萬不要忘記。

抽送不見得越快越好

彼此的性器官互相結合，你與她的身體合而爲一後，接下來的時間會分成兩個階段。

首先，第一階段是提升親密的氣氛，確認彼此感覺的時間。接著，第二階段是兩人一起追求快樂，邁向高潮的時間。不同的階段，你與她的體位或動作就會有很大的不同。

先看看第一階段。彼此信任相愛的男女不需要什麼甜言蜜語，同樣的，要提升親密的氣氛也不需要激烈的抽送。陰莖與其快速地進出，還不如插到深處後靜止片刻，讓彼此的身體緊密地貼在一起。

接著，配合兩人的呼吸，男方可以慢慢地扭動腰部。女方的陰道會隨著每次的抽送而變化形狀。緩慢地擺動腰部，陰莖也可以感受到陰道的變化，兩個人會一起沉浸在舒服的快感當中。

女人可能因爲陰莖頂到的部位，或是當時的氣氛使然就達到高潮，這時就順其自然了。忍耐不達到高潮是完全沒有必要的事。

不過，也不要因爲她遲遲無法高潮而焦急。不斷吊她胃口，她的身心會更加敏感，進入到第二階段時，兩人一起飛向快樂的境界，也是很美好的經驗。

第二階段是追求肉體的快感直到高潮的時間。男人要規律地擺動腰部，也就是「活塞運動」。你的陰莖每次進出她的陰道，膨脹的龜頭邊緣就會摩擦她的G點，男女可以同時得到強烈的快感。子宮頸口也已經充分放鬆，當龜頭前端接觸到時，她會因越來越劇烈的快感開始扭動身體。

抽送的速度並不是越快越好，兩人熱情地互相撞擊腰部，享受激情的氣氛雖然也不錯，但是男人想要感受溫暖的陰道蠢動、女人希望陰莖摩擦自己最敏感的部分，可以細細品味這些感覺的抽送速度，才能帶領兩人一起迎向高潮。互相確認彼此的表情，保持良好溝通，一起找出最適合兩人的速度吧。

這裡所謂的活塞運動，當然就是**前後抽送的動作**了。

性愛指南書或是男性雜誌上都會介紹腰部照「の」字型扭動的技巧。旋轉陰莖所帶來的刺激雖然有別於前後抽送的動作，但是請仔細想一下，雖然旋轉了陰莖根部，但是前端的龜頭邊緣卻是幾乎不動，在陰道入口可能多少有一點刺激，但是對女人最敏感的G點或子宮頸口卻是一點影響也沒有。賣弄這種技巧的結果只是無端消耗體力，女方的評價也差強人意……

改變體位就可以長時間享受插入的快感

做愛時，爲何中途要變換體位呢？因爲轉變一下氣氛，可以延長享受插入的時間。短時間內頻繁地更換體位會使女方無法集中精神，但是太單調的抽送也很無聊。

基本上性交的體位有四種，分別是：正常體位、騎乘位、座位、後背位。

你可能會覺得：就這四種而已？以正常體位爲例，雖說是一種，也有腳張開或夾緊、彎曲或伸直等，姿勢不同，敏感部位和感覺、甚至你和她都不會一樣。還有雙方身體的緊貼程度上做點變化，男方的恥骨可以摩擦陰蒂，或是伸手刺激女方的乳頭等，有很多可以增加的「選項」，可以說各種體位都有無限的變化花樣。

這四種體位並沒有什麼特別的順序，也不是一定要每種都用上，不過**一開始插入最好是採取正常體位**。女人仰臥時，腿、腰都可以放鬆，比較容易接受陰莖的進入。

相反的，一開始最好避免的體位是騎乘位。陰莖貿然地就插入陰道深處，會刺激到還沒有放鬆的子宮頸口，讓女伴覺得疼痛。騎乘位最好等到她已經習慣陰莖的進出，眞的覺得舒服時再嘗試。

容易達到高潮的體位男女有別

雖然有比較容易有感覺的體位，或是容易達到高潮的體位，但卻是男女有別。

男人是正常體位或後背位。陰莖插入的深度或是抽送的速度都可以自己控制，最終結束的時機也可以自己決定。而女人則是採用後背位或騎乘位時，陰莖比較容易接觸到G點或子宮頸口這些敏感部位，達到高潮的可能性比較高。

相反的，女性比較難達到高潮的是正常體位。陰道上部因興奮而充血膨脹，陰莖很難刺激到G點。

只要男女雙方能以同一種體位得到快感就不用再抱怨什麼，但不幸的是，即使感情很好的情侶，男人喜歡的體位女人不怎麼有快感，女人會高興的體位男人遲遲無法射精……之類的事情仍時有所聞。

這時候請彼此體諒一下。尊重對方偏好的體位，交替進行個人喜歡的體位，就不會有怨言了。只是男人一旦射精就需要一段時間才能恢復，所以先帶領她達到高潮後，再變換你自己偏好的體位。

不過，變換體位時有一點需要注意，每一次變換體位，都要拔出陰莖。我知道男人一旦與女伴結合，就不想離開。在陰莖還在陰道內的狀態下扭動，會使她的小陰唇也跟著被捲進去，或是陰莖前端碰觸到不是很舒服的地方等等，女人覺得不愉快的情況頗多。除非她分泌很多愛液，或是使用潤滑劑，**每次變化體位時都要重新插入**，這是基本禮節。

真的有所謂合得來的身體或合不來的身體嗎？

我在婦產科問診時，詢問患者有關性愛方面的煩惱時，不少女性都表示「我和我的伴侶都合不來」。有時候這就是夫婦或是情侶變成無性生活的原因，我認爲這個問題不能等閒視之。

眞的有所謂肉體「合不合適」的問題嗎？比如說，明明與之前的伴侶經常享受充實的性生活，和現在的伴侶卻是怎麼也無法有舒服的感覺……這是雙方身體適性的問題嗎？

結論是一半對，一半不對。

男人的陰莖大小、勃起時的硬度和角度，剛好與女人的陰道大小或深度可以配合得宜，每次抽送都剛好可以摩擦到G點、刺激到子宮頸口——這的確可以說是雙方的肉體「很合得來」。如果能夠遇到這種伴侶，眞的是太幸運了。

那麼，所謂的合不來又是怎麼一回事呢？

比如說陰莖的尺寸太小，很難接觸到G點。相反的，陰莖太大，女方都還沒有快感，就已經深入到深處的子宮頸ㄇ。女方感到疼痛，男方不能盡情抽送，結果彼此都無法得到滿足。太大或太小，各有各的辛苦。

合不來的原因也不全都在陰莖，女方的身體特徵也可能決定雙方是否合得來。依陰道和肛門之間的距離長短，有分陰道位置較高或較低的說法。實際上只是數釐米的差別，但是插入的時候陰莖前端接觸的角度就會改變，許多男性都表示感覺很不一樣。

話雖如此，即使伴侶的陰莖或陰道並不完全適合自己的身體，也不是什麼嚴重的煩惱。**只要在體位上花點心思就可以解決**。

如我先前所述，即使只是基本的正常體位、騎乘位、座位、後背位，只要改變一下腳的角度或張開的幅度，就有無限的組合變化。不管身體之間的適性有多不合，一定有雙方可以得到快感的「最佳姿勢」。

一樣的正常體位，陰莖較小的話可以參考第一五一頁的技巧④，把身體的重量壓在結合部位，就可以比較容易接觸到G點。陰莖太大的話，可以參考技巧③不會太深入的姿勢，就可以充分扭腰而不會使女方感到疼痛了。

像這樣在體位上花點巧思，也可以稍微減緩遲洩或是早洩的問題。

遲洩或早洩原本就沒有明確的定義，說穿了就是女方還沒有滿足的時候射精叫早洩，持續抽送到女方都吃不消了也無法射精叫做遲洩，如此而已。重點是心情的問題，夫妻或情侶之間如果有不能契合的問題，最好是想辦法解決。

如果你快要比女伴先達到高潮，就換一個陰莖比較不覺得刺激的體位，如看她略有疲態，就改以較淺的抽送運動。陰莖最敏感的部位是龜頭和包皮繫帶，也就是集中在陰莖前端，較淺的抽送可以不必浪費太多力氣就刺激得宜，可以快一點達到高潮。還有，插入的時間如果太長，女性會變得不容易分泌愛液，或者可能就乾掉了。有遲洩傾向的人盡可能使用潤滑劑。

互相設想一下，然後努力取悅對方——這樣的性生活也能加深兩人的愛。請千萬要牢記在心，經營更美好的性生活。

正常體位插入

女方躺在床上或地板上完全放鬆，比較容易專心於陰道的快感是這種體位的特徵。男女雙方可以調整腿部或腰部位置的範圍較廣，探索彼此敏感的角度也是樂趣之一。優點是可以看著對方的表情，確認他是否有快感。男方如果手有空，積極刺激乳頭或是陰蒂，可使女方更加愉悅。

技巧①

最初插入時，最好採用這種女方雙腿可以放鬆的體位。男方抱住女伴的腰部，即使是尺寸較小的陰莖也不容易歪掉。如果還有餘力，就撫弄一下陰蒂。

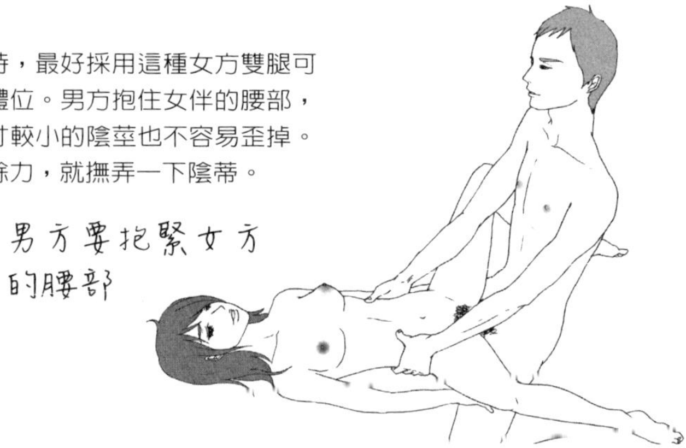
男方要抱緊女方
的腰部

技巧②

兩人上半身緊貼，女方抬高腳，採用這個體位時，陰莖不會太深入，適合男方陰莖尺寸太大的情侶。女方可以在腰部下面墊一個枕頭，以調整角度。

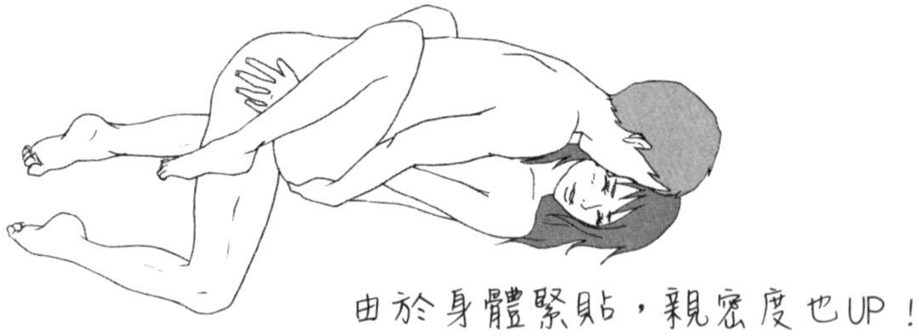
由於身體緊貼，親密度也UP！

圖解

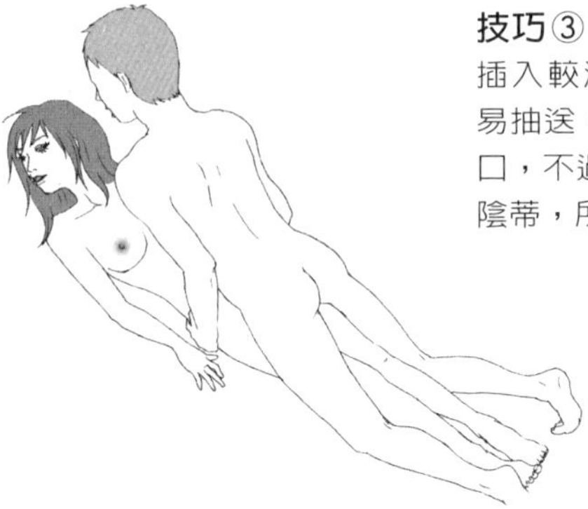
女方雙腿夾緊
插入較淺

技巧③

插入較淺，陰莖較大的男性也很容易抽送。陰莖不能到達G點或子宮頸口，不過男方的恥骨會摩擦到女方的陰蒂，所以也有人偏好這種姿勢。

技巧④

男方將女伴從腰部或腿部抬起，以調整角度。兩人結合處會承受男方的體重，可以插入較深的位置，尺寸小的陰莖也很容易接觸到G點。

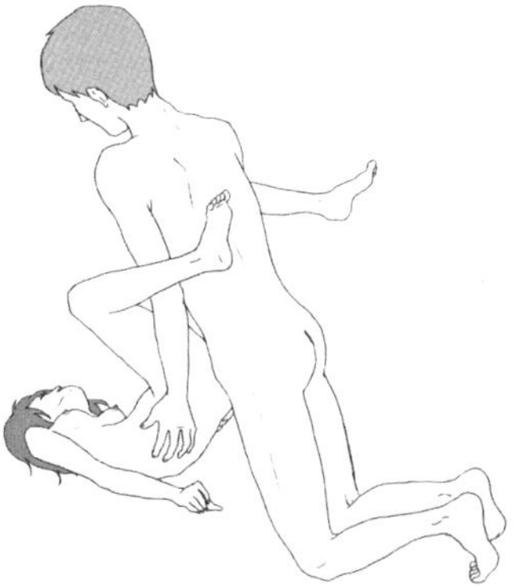
可以插得較深
陰莖較大的男性
要注意！

不良示範

插入位置非常淺，陰莖前端根本無法接觸G點，男方必須以雙手支撐自己的體重，無暇愛撫陰蒂等性感帶。

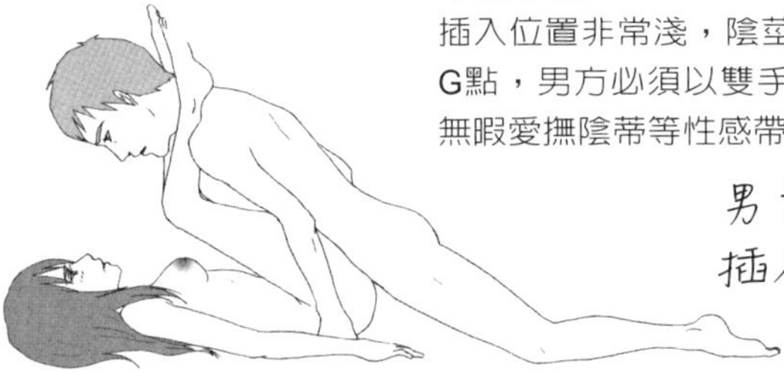
男方不容易移動
插入的位置也淺

騎乘位插入

女方騎乘在仰臥的男伴上方，激烈地扭腰……這就是成人電影中一定會出現的騎乘位，但事實上對女性來說，這種體位並不是那麼舒服。採用這個姿勢時，陰莖無法接觸到最重要的G點，雖然可以進入到最深處，結果卻多半很可惜。最好還是採用男女雙方都能夠得到快感的方法。

技巧①

女方將身體的重量放在男伴的上半身，腰部放鬆。男方則使用腰部的力量由下往上頂，這個姿勢即使是尺寸小的陰莖也可以刺激到G點，很容易達到高潮。

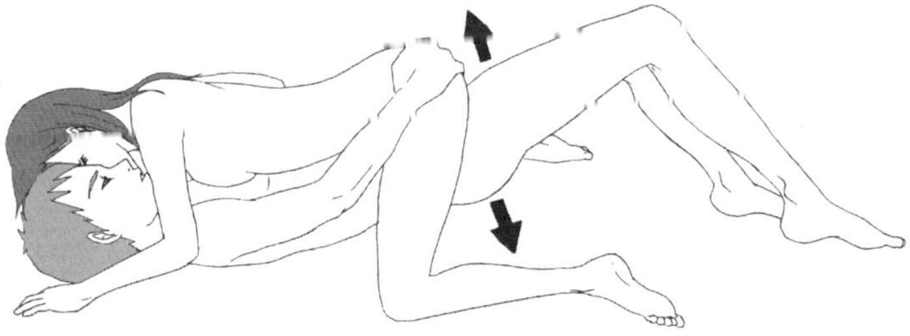

女方將上半身壓到男伴身上

圖解

不良示範①

女方不論是前後扭腰或是左右迴轉，陰莖都無法接觸到G點。乳房的搖晃可以讓男人興奮，但事實上女人並不會有愉悅的感受。

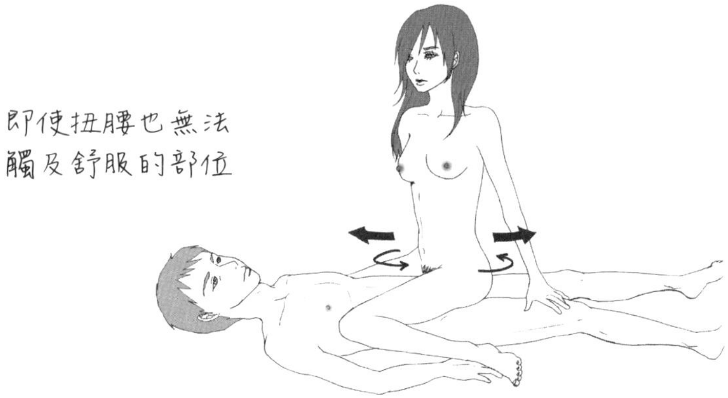

不良示範②

上下擺動可使陰莖在陰道口摩擦，男人會覺得很舒服。但是女人腿部肌肉必須使力，根本無暇感受其他。

女方隔天可能會
肌肉痠痛！

坐位插入

以正常體位或騎乘位結合後，抬起上半身就是面對面坐位了。由於雙方臉部靠近，最適合親吻或是對話，兩人的親密度馬上提升。不過男方無法自由扭動腰部，也不能變化插入的角度，因此不容易達到高潮。這算是更換難度較高的體位時稍事休息的姿勢。

技巧①

男方可以採取盤腿等較輕鬆的姿勢坐下，女伴乘坐上去再結合。女方扭腰時陰莖會得到快感，但強度並不足以達到高潮。

圖解

技巧②

坐在椅子或是床緣，背如果可以靠在牆壁，就能夠變化插入的角度。女方的乳頭剛好接近男伴臉部，可以用嘴愛撫。

無法做激烈的抽送
但可以調整角度
增加變化

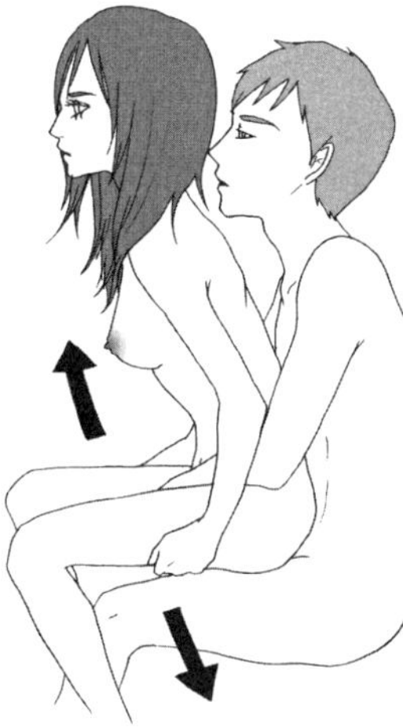

不良示範

背面坐位看起來似乎可以得到強烈的快感，但是男女雙方都很難扭動腰部。就算勉強可以抽送，陰莖前端也只能接觸到陰道靠近臀部的部位，女方完全不會覺得舒服。

避免讓女方的腿、腰
負擔太大的體位

後背位插入

英語稱作「Animal Position」，是一種具有狂野魅力的體位。男人可以自行調整插入的深淺或抽送的節奏，感覺上很有攻擊性。男女互相看不到對方的臉，言語上的溝通就格外重要了。男方雙手可以自由地撫摸女伴的陰蒂或乳頭。

技巧①

女方採取趴跪的姿勢。陰道位置較低的女性，特別容易刺激到G點。男方扶住女伴的腰，就可以激烈抽送而不會歪掉。

想要激烈抽送時
要扶住女伴的腰部

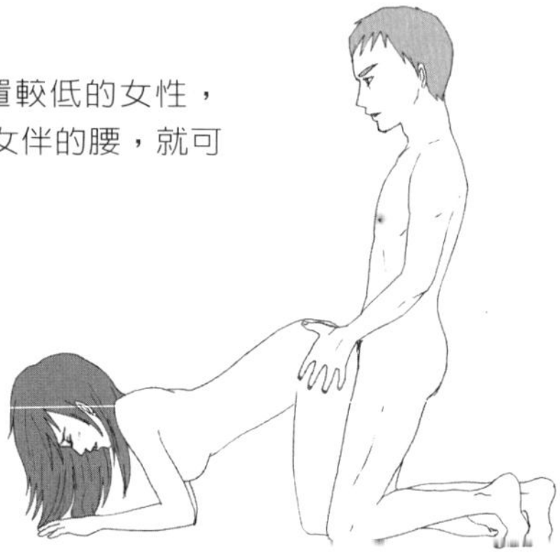

技巧②

女方將上半身靠在沙發或床邊，比較容易承受陰莖抽送的衝擊。一開始就用力的話，女方會覺得疼痛。最好是已經有過一次高潮之後再挑戰。

有過一次高潮的話
激烈的抽送也OK！

圖解

技巧③

握住女伴的手，拉起上半身，可以插入更深。不過抓住兩手的話，女伴會容易失去平衡，只要抓住一邊即可。

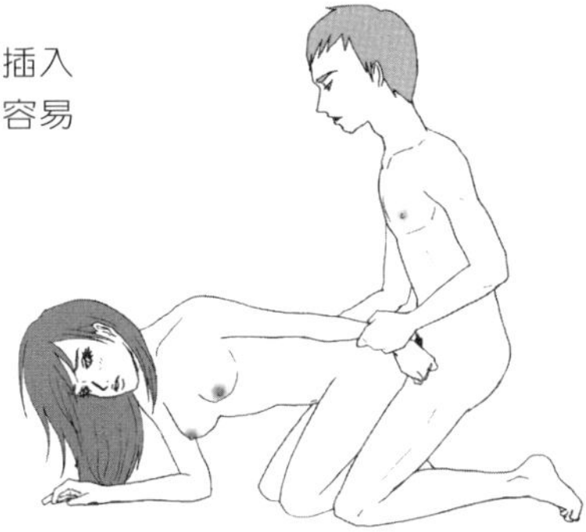
拉起女伴手臂
可以更貼近

技巧④

女方夾起雙腳趴下，男方再以全身的重量壓上去插入，由於不能做激烈的抽送，最適合有早洩煩惱的人。女方陰蒂可以在床上摩擦得到快感。

也能摩擦到陰蒂
會很舒服

技巧⑤

女方可以時而抬起上身、時而趴下以調整角度。男方也可以趴到女方身上，或是壓低腰部由下往上頂，找尋最有感覺的部位。

後記

愉悅的性愛需要女人更積極、男人更體貼

我是婦產科醫師，也是女人，一直以來，我為許多女性做性事方面的諮詢。有些女性一開始就是來諮詢相關問題，也有些女性起初是為其他問題前來求診，在診療的過程中，當我問起：「有性行為時這裡會不會痛？」她們才向我坦承的確有煩惱。

那麼，婦產科醫師＝回答性事相關問題的專家嗎？

其實不然。我們在醫學院裡並沒有學習性知識，而醫師國家考試或是婦產科專科醫師考試也不會有性事相關的題目。我是與其他婦產科醫師聊過後，才知道幾乎所有的醫師遇到患者前來諮詢有關性事問題，都是憑自己的經驗來回答。

性是一件健康的事，而醫院是治療疾病的地方，本不應該涉足這類諮詢，

但是這類的煩惱或不滿卻沒有一個適合的地方可以提供解答，這就是目前日本的現狀。現實既是如此，我認爲我的職責不只是針對懷孕生產、子宮和卵巢的病患，應該要多了解性方面的知識，才能夠幫助更多的人。

因此，我參加了「日本性科學會」。這個團體是專門討論性、無性生活、性犯罪、性教育等所有有關性學的問題。參加者不限於婦產科醫師，還有泌尿科醫師、精神科醫師、教育相關者等，爲數眾多。（爲了杜絕動機不純人士，入會必須透過推薦及審查程序）我在這裡學到許多知識，也和許多專家們交流及交換意見。

後來我更出席了「性科學」的國際學會，世界級的研究盛會果然名不虛傳，「陰蒂的實體爲何」「G點的祕密」「有快感卻不能達到高潮是一種病」等，大家把這些耐人尋味的問題都當成學問，一一在研究會上檢證、討論。

雖然人的生活離不開性行爲，但還是有爲性厭惡症所苦的人，而我們周遭也可以看到許多因缺乏性生活而影響關係的夫妻和情侶。這兩種問題都很棘手，但是這些人通常都認爲「自己在性方面是正常的」，或者「性不就是這麼一回事」，以消極的態度面對他們的性生活。這些人正是我想導正的對象。

我接觸過的女性當中，擺明自己「不是那麼喜歡性事」的人爲數不少。但是我認爲，如果她們眞的知道該如何達到高潮，是不是就不會說出不喜歡性事這樣的話了呢——這就是我想要寫這本書的契機。

不管幸不幸福，女人已經對性妥協。就算不淫、即使沒感覺，她們接受男人進入的時候，心裡想的只是「能不能趕快結束」。但這樣是不應該的！女人也要達到高潮才正常。首先，我希望大家都能了解這個道理，然後我也希望她們能夠更享受性愛。

讓許多女性選擇妥協的原因，我想與市面上氾濫的成人電影，以及照著男人經驗和願望所寫下的性愛指南有絕對的關係。

我聽過不少男性堅信「顏射」是很正常的行爲，這都要歸咎於成人電影。此外，也有許多男性是看成人電影學習如何用手指愛撫陰部。以那種視覺就能夠感受到的激烈動作抽送手指，根本就不可能讓女人有快感，她們感受到的只有痛苦。還有騎乘位的激烈上下運動，女人只會累垮，根本不覺得舒服。

男人就算每天都認眞愛撫，參考成人電影或男人角度的性愛指南，對女人來說眞的是一種困擾。結果她們只求趕快結束這一切，於是就高聲嬌喘，假裝高潮，男人卻因此以爲「我的技術讓她升天了！」而一直誤會下去……一直重複這樣的性生活，就算過了一百年，女人還是得不到滿足。

幾年前，針對小學低年級兒童的性教育問題在國會引起熱烈的討論。當時的首相小泉純一郎竟發言說：「我們那個年代哪有什麼性教育，還不是自然而然就懂了。」這番話惹得許多議員發噱。

這是一個笑話嗎？性是「自然而然」就能懂的嗎？我想可能沒有人拿醫學書籍來了解性的相關知識，大部分的人都是藉由以賺錢爲目的的色情圖片來認識性，並自以爲「懂得」性，但是我敢說，那些絕對都不是正確的知識。

成人電影並不全然是壞的，如果將它看成是男人的「幻想」，其實很多作品都不成問題。簡單地說，那是和現實的性行爲完全不同的東西。我希望男人不要去模仿幻想的世界，好好地與女性溝通，眞心誠意地以愛撫讓她們得到快感，這是我的懇求。如此女性才能夠擺脫僞裝，得到眞正的高潮。

我也希望女性讀者看這本書，看完之後連同感想，一起交給妳們的伴侶。如果女人更積極渴望享受性愛、男人更體貼爲伴侶愛撫，就能夠體驗更美好的性生活，兩人也會很自然地更深愛對方。

本書的實踐篇，是我收集許多資料，與編輯三浦 Yue 幾經討論之下製作而成。此外，還要感謝 Bookman 出版社總編輯小宮亞里、繪製精緻封面和書末插畫的漫畫家春輝，負責美麗插圖的炊立馬子。還有爲我詳細解說男性生殖器的日本性科學會會員、川崎醫大泌尿科的永井敦教授，以及我的登山夥伴、泌尿科醫師吉田榮宏君，在此表達我由衷的感謝。

我也衷心希望閱讀完這本書的各位讀者，對於「我的身體要這樣才有快感」「我想試試這樣」這些身體所發出的訊息，能夠靜心傾聽留意，讓性生活更加充實、美滿。

二〇一〇年春　宋美玄

The Eurasian Publishing Group
圓神出版事業機構
用心與你對話．視野無限寬廣
究竟出版社
Athena Press

http://www.booklife.com.tw　inquiries@mail.eurasian.com.tw

第一本 025

女醫師教你真正愉悅的性愛

作　　者／宋美玄
譯　　者／蔡昭儀
發 行 人／簡志忠
出 版 者／究竟出版社股份有限公司
地　　址／台北市南京東路四段50號6樓之1
電　　話／（02）2579-6600．2579-8800．2570-3939
傳　　真／（02）2579-0338．2577-3220．2570-3636
郵撥帳號／19423061　究竟出版社股份有限公司
總 編 輯／陳秋月
主　　編／連秋香
責任編輯／劉珈盈
美術編輯／金益健
行銷企畫／吳幸芳．涂姿宇
印務統籌／林永潔
監　　印／高榮祥
校　　對／連秋香
排　　版／杜易蓉
經 銷 商／叩應股份有限公司
法律顧問／圓神出版事業機構法律顧問　蕭雄淋律師
印　　刷／祥峯印刷廠
2011年3月　初版
2012年5月　31刷

定價 250 元　ISBN 978-986-137-136-8　

性愛技術能爲你的人生帶來超乎想像的自信和幸福。

——亞當．德永《步驟全圖解 緩慢性愛實踐手冊》

國家圖書館出版品預行編目資料

女醫師教你真正愉悅的性愛／宋美玄 著；蔡昭儀 譯；
-- 初版 -- 臺北市：究竟，2011.03
176 面；14.8×20.8公分 --（第一本；25）

ISBN 978-986-137-136-8（平裝）

1. 性知識

429.1 100000257

附

成人漫畫家春輝特別繪製插畫

想不想試試穿著衣服的前戲？
摸到腳踝時脫下一件，
舔過耳垂之後再脫一件。
當手指爬上大腿，再輕吻頸後。
慢慢地吊她胃口，等她渾身欲火，
這才脫去她的內衣。

即使她說：「我的胸部沒什麼感覺。」
還是要好好地愛撫。
以指尖畫螺旋般，慢慢接近中心點，
那就是可愛又敏感的乳尖了。
很快地，她就會殷切地望著你，說出她想要的，
「求求你，摸摸我的乳頭。」

對女人來說，自慰也是很重要的。
哪裡特別敏感？對方怎麼做才有感覺？
如此自我探索快感，
才會變成「容易有感覺的身體」。
當然，也要與他充分享受性愛。
偶爾互相觀摩對方自慰也會很刺激，
彼此的身體都會越來越有魅力。

當你進入她的身體，千萬不要急著擺臀扭腰，
這樣是很可惜的。
試著細細品味被蠢蠢欲動的陰道包覆的感覺。
這是感受彼此急速心跳，聆聽彼此熱烈呼吸的甜蜜時刻。
在激烈的「抽送」，這段看似平靜的時光，
將使你們的高潮更加強烈，更能觸動感官。